吲哚基高分子环境吸附材料

常冠军 杨 莉 徐业伟 等著

科学出版社

北 京

内 容 简 介

本书系统介绍高分子环境吸附材料中有机多孔聚合物的特点与制备方法及研究现状、高分子环境吸附材料的吸附评价方法和吸附理论研究、吲哚基多孔聚合物在重金属离子吸附中的应用、吲哚基多孔聚合物在CO_2吸附中的应用、吲哚基多孔聚合物在三硝基甲苯吸附中的应用,以及吲哚基多孔聚合物在其他方面的应用等。

本书可供高分子、材料等相关专业的教学与科研人员参考使用,也适合从事多孔材料行业的人员参考使用。

图书在版编目(CIP)数据

吲哚基高分子环境吸附材料/常冠军等著. —北京:科学出版社,2023.6
ISBN 978-7-03-074987-1

Ⅰ. ①吲… Ⅱ. ①常… Ⅲ. ①吸附-高分子材料 Ⅳ. ①TB324

中国国家版本馆 CIP 数据核字(2023)第 035964 号

责任编辑:郑述方/责任校对:彭 映
责任印制:罗 科/封面设计:墨创文化

科 学 出 版 社 出版
北京东黄城根北街 16 号
邮政编码:100717
http://www.sciencep.com

成都锦瑞印刷有限责任公司 印刷
科学出版社发行 各地新华书店经销

*

2023 年 6 月第 一 版 开本:B5(720×1000)
2023 年 6 月第一次印刷 印张:9 插页:3
字数:200 000

定价:99.00 元
(如有印装质量问题,我社负责调换)

《吲哚基高分子环境吸附材料》编委会

编委会成员（按姓氏拼音排序）：

常冠军	何登亮	黄　英	贾献彬
康　明	李　娃	李秀云	林润雄
刘树信	罗　炫	马腾宁	王会镇
王　强	武元鹏	徐业伟	杨　莉
杨世恩	袁　瑞	张　林	张龙飞

前　言

随着经济的快速发展，工业化、城市化进程的加快，环境污染日趋严峻。例如，大量含有重金属离子（Pb^{2+}、Cd^{2+}、Hg^{2+}等）的工业废水任意排放，造成严重的水污染，这些重金属离子还将随食物链富集传递，危害人体健康；含三硝基甲苯（TNT）炸药的废水具有毒性，对人体和环境具有极大的危害；全球二氧化碳（CO_2）排放量过度增长导致温室效应，进而导致全球变暖以及相关的自然灾害、冰川融化和极端气候；印染废水是纺织工业产生的污染最为严重的废水，其排放量占工业废水总排放量的10%以上，具有色度大、有机物浓度高、成分复杂、生物降解难等特点，是当前主要的水体污染源之一；核泄漏和医疗废弃物会产生大量的碘污染物，放射性碘（^{129}I和^{131}I）对水和空气的污染会严重威胁生态安全和人类健康。面对这些挑战，人们不断研究和发展环境污染物处理技术与材料。吸附法因具有操作简单、成本低和无二次污染等优点，成为环境污染物处理方法中最常用的一种方法。吸附材料的吸附性能是决定吸附法对环境污染物处理效率的关键因素。多孔材料因具有合成方式多样、孔径可调、易于修饰等优点，在环境污染物的吸附方面表现出巨大的应用前景。

本书以不同功能化的吲哚单体为原料，通过氧化偶联反应、傅-克烷基化反应等构筑系列吸附性能优异的新型吲哚基高分子环境吸附材料。吲哚基高分子环境吸附材料中的吲哚基团与环境污染物重金属离子之间存在阳离子-π 相互作用、与三硝基甲苯（TNT）之间存在点对面偶极-π 相互作用、与 CO_2 之间存在局部偶极-π 相互作用，并且吲哚基高分子环境吸附材料中引入的羟基、氨基、羧基等功能基团可进一步增加其对环境污染物的吸附位点及结合能力。本书详细介绍吲哚基高分子环境吸附材料对环境污染物的吸附性能、吸附动力学原理、吸附等温线和吸附机理等。

本书的研究工作是在国家自然科学基金项目（金属配位交联高性能聚合物的构筑及其络合/解离机理研究，21504073；聚合物链间阳离子-π 相互作用的构筑与作用机理的研究，11447215；基于动态阳离子-π作用高强韧高分子材料的结构调控与构效机制研究，21973076；高效电致化学发光体超薄金属-有机框架纳米片的设计构筑及环境分析应用研究，22006122）、四川省杰出青年培育基金项目（金属骨架高性能聚吲哚薄膜的构筑及其循环利用研究，2016JQ0055）、四川省教育厅重点项目（金属配位交联高性能聚合物的构筑及循环利用，16ZA0136；阳离子-π交联聚芳吲哚的构筑及其高强度树脂的制备研究，18ZA0495）、四川省杰出青年科技人才基金项目（高强韧的激光聚变聚合物薄膜研制，2021JDJQ0033）、四川省科技厅应用基础研究项目（基于阳离子-π相互作用构筑激光聚变靶用金属掺杂多孔材料，2021YJ0059）、四川省科技厅中央引导地方科技发展项目（动态键驱动力致可伸缩高弹塑料的增强增韧机制，2022ZYD0025）、四川省自然科学基金项目（基于动态阳离子-π作用构筑可回收高强韧石墨烯/碳纤维/环氧树脂复合材料，2022NSFSC0310）的支持下开展的对新一代高性能多孔材料的研究工作。本书涉及的很多工作获得了西南科技大学环境友好能源材料国家重点实验室、材料与化学学院、中国工程物理研究院等单位的支持，在此对提供过帮助的相关单位和同仁表示最衷心的感谢。

  本书注重由浅入深、循序渐进、精简语言、提高信息量和数据可靠性。希望本书的出版能对多孔材料在环境污染物吸附方面的研究有一定的促进作用。

  由于水平有限，书中难免存在疏漏，敬请读者批评指正。

作　者
2023年1月

目 录

第1章 高分子环境吸附材料概述 ··· 1
  1.1 有机多孔聚合物概述 ··· 1
    1.1.1 有机多孔聚合物的特点 ··· 1
    1.1.2 有机多孔聚合物的分类 ··· 2
    1.1.3 有机多孔聚合物在环境处理中的应用 ···························· 7
  1.2 有机气凝胶概述 ·· 10
    1.2.1 有机气凝胶的发展历程 ··· 10
    1.2.2 有机气凝胶的制备 ··· 11
    1.2.3 有机气凝胶在环境处理中的应用 ·································· 12
  参考文献 ··· 12

第2章 吸附研究方法 ··· 16
  2.1 高分子环境吸附材料的评价方法 ·· 16
    2.1.1 吸附量 ·· 16
    2.1.2 吸附速率 ·· 16
    2.1.3 选择性 ·· 17
    2.1.4 再生性 ·· 17
  2.2 高分子环境吸附材料吸附效果的影响因素 ··························· 18
    2.2.1 体系 pH 的影响 ··· 18
    2.2.2 吸附剂用量的影响 ·· 18
    2.2.3 吸附物初始浓度的影响 ··· 19
    2.2.4 温度的影响 ·· 19
  2.3 高分子环境吸附材料的吸附理论研究 ·································· 19
    2.3.1 吸附动力学及模型拟合 ··· 19
    2.3.2 吸附等温线 ·· 20
    2.3.3 吸附热力学 ·· 22
    2.3.4 理论模拟 ·· 23
    2.3.5 吸附机理 ·· 24
  参考文献 ··· 25

第3章 吲哚基多孔材料在重金属离子吸附中的应用 ·········· 27
3.1 4-羟基吲哚-甲醛气凝胶对重金属离子的吸附研究 ·········· 27
3.1.1 4-羟基吲哚-甲醛气凝胶的制备与表征 ·········· 27
3.1.2 4-HIFA 气凝胶对重金属离子的吸附性能研究 ·········· 30
3.2 5-羟基吲哚-3-乙酸-甲醛气凝胶对重金属离子的吸附 ·········· 36
3.2.1 5-羟基吲哚-3-乙酸-甲醛气凝胶的制备与表征 ·········· 36
3.2.2 CHIFA 对重金属离子的吸附性能研究 ·········· 39
参考文献 ·········· 43

第4章 吲哚基多孔聚合物在 CO_2 吸附中的应用 ·········· 45
4.1 吲哚基微孔聚合物 PINK 对 CO_2 的吸附性能研究 ·········· 45
4.1.1 吲哚基微孔聚合物的制备与表征 ·········· 45
4.1.2 PINK 对气体的吸附性能研究 ·········· 49
4.2 吲哚基微孔聚合物 PEINK 和 N-PEINK 对 CO_2 的吸附性能研究 ·········· 51
4.2.1 吲哚基微孔聚合物的制备与表征 ·········· 51
4.2.2 N-PEINK 和 PEINK 对 CO_2 的吸附性能研究 ·········· 55
4.3 羰基功能化吲哚基微孔有机聚合物 PKIN 对 CO_2 的选择性捕获 ·········· 60
4.3.1 羰基功能化吲哚基微孔有机聚合物的制备 ·········· 60
4.3.2 PKIN 对 CO_2 的吸附性能研究 ·········· 64
4.3.3 吸附机理研究 ·········· 66
4.4 防污吲哚基微孔有机聚合物 PTICBL 对 CO_2 的选择性捕获 ·········· 68
4.4.1 防污吲哚基微孔有机聚合物的制备 ·········· 68
4.4.2 PTICBL 对 CO_2 的吸附性能研究 ·········· 71
4.4.3 吸附机理研究 ·········· 72
4.4.4 防污性能研究 ·········· 72
参考文献 ·········· 74

第5章 吲哚基多孔聚合物在三硝基甲苯吸附中的应用 ·········· 76
5.1 氨基功能化吲哚基聚合物 PAIN 对 TNT 的吸附研究 ·········· 76
5.1.1 氨基功能化吲哚基聚合物的制备与表征 ·········· 76
5.1.2 PAIN 对 TNT 的吸附性能研究 ·········· 78
5.2 吲哚基气凝胶 4-HIFA 对 TNT 的吸附研究 ·········· 85
5.2.1 吲哚基气凝胶的制备与表征 ·········· 85
5.2.2 4-HIFA 对 TNT 的吸附性能研究 ·········· 88
5.3 吲哚基多功能气凝胶对水中 TNT 的吸附和检测研究 ·········· 95

  5.3.1　吲哚基多功能气凝胶的制备与表征 …………………………………… 95

  5.3.2　4-AING 对 TNT 的吸附性能研究 ………………………………………… 97

 参考文献 ………………………………………………………………………………… 108

第 6 章　吲哚基多孔聚合物在其他环境污染物吸附方面的应用 ……………… 110

 6.1　碱化 4-羟基吲哚-甲醛气凝胶对阳离子染料的吸附性能研究 ………… 110

  6.1.1　碱化 4-羟基吲哚-甲醛气凝胶的制备与表征 ……………………………… 110

  6.1.2　4-HIF 对染料亚甲基蓝的吸附性能研究 ………………………………… 112

 6.2　吲哚基超交联微孔聚合物对碘的可视化吸附研究 …………………… 120

  6.2.1　吲哚基超交联微孔聚合物的制备与表征 ………………………………… 120

  6.2.2　PTIBBL 对碘的吸附性能研究 ……………………………………………… 122

 6.3　可回收羟基功能化聚吲哚凝胶对 NaOH 的可视化吸附研究 ………… 127

  6.3.1　羟基功能化聚吲哚凝胶的制备与表征 …………………………………… 127

  6.3.2　4-HIG 对 NaOH 的吸附性能研究 ………………………………………… 129

 参考文献 ………………………………………………………………………………… 133

附图

第 1 章　高分子环境吸附材料概述

全球经济持续发展所导致的石化资源枯竭及严重的环境问题给人类的生存和发展带来了许多严峻挑战。例如，重金属离子、三硝基甲苯（TNT）、染料等造成的水污染，CO_2 造成的温室效应等[1-6]。在诸多治理方法中，吸附法具有成本低、易操作、设计简单和对底物不敏感等优点，是去除各种污染物的重要手段[7,8]。多孔材料是一种由相互贯通或封闭的孔洞组成的网状结构材料，具有比表面积大、密度小、表面活性位丰富、孔道结构开放和孔环境可调等优点，在吸附领域具有令人瞩目的应用前景。在诸多已得到发展的多孔材料中，多孔高分子吸附材料由于兼具多孔材料和高分子材料的优势，获得研究者越来越多的关注[9,10]。多孔高分子吸附材料具有孔隙度高、化学稳定性较高、比表面积较大、易加工和孔道结构可设计等特点，这得益于高分子自身的属性，同时多孔高分子吸附材料也具有较好的延展性和可塑性，可以根据用途被加工成各种形状。多孔高分子吸附材料种类繁多，本章主要针对有机多孔聚合物和有机气凝胶这两种材料进行简要介绍。

1.1　有机多孔聚合物概述

1.1.1　有机多孔聚合物的特点

有机多孔聚合物，即多孔有机聚合物（POPs），是 C、H、B、O、N 等轻质元素组成的一类具有较大比表面积和大量孔结构的新型多孔材料[11]。多孔有机聚合物具有优异的性能，可作为吸附材料应用于环境处理。多孔有机聚合物吸附材料有以下几个特点。

（1）开放的孔结构、可控的孔径尺寸。可通过调控聚合物重复单元来控制聚合物的孔径结构。

（2）较高的热稳定性和化学稳定性。大多数 POPs 的分解温度在 300℃以上，在分解温度前骨架稳定且不坍塌。POPs 在强酸、强碱和各种质子及非质子溶剂[如甲醇、乙醇、N-甲基吡咯烷酮（NMP）、N,N-二甲基甲酰胺（DMF）、甲苯、二甲基乙酰胺（DMAc）、二甲基亚砜（DMSO）、丙酮等]中均保持稳定。

（3）骨架具有极高的灵活性。由于组成 POPs 的有机官能基团具有可调性，可获得刚性、柔性、亲水或者疏水 POPs。

（4）结构具可设计与可修饰性。有机化学反应种类成千上万，可根据应用需求有目的性地引入官能团，然后聚合成特定的 POPs。

1.1.2　有机多孔聚合物的分类

有机多孔聚合物种类繁多，主要包括具有结晶性的共价有机骨架（covalent organic frameworks，COFs）和具有非结晶性的微孔有机聚合物（microporous organic polymers，MOPs）[11]。COFs 是通过热力学控制的可逆反应合成的，所以它们具有规整的晶型结构；而 MOPs 是在动力学控制的不可逆反应下合成的，所以它们为无定型的多孔有机材料。MOPs 又包括超交联微孔聚合物（hypercrosslinked polymers，HCPs）、自具微孔聚合物（polymers of intrinsic microporosity，PIMs）和共轭有机微孔聚合物（conjugated microporous polymers，CMPs）等。

1. 共价有机骨架（COFs）

COFs 一般是以共价键（C—C、C—O 和 B—O 等）连接而成的微孔有机聚合物，也是迄今为止第一个多孔有机晶体材料[12]。COFs 具有较高的比表面积、较低的密度、良好的热稳定性及高度有序性。然而，受限于可逆反应的连接方法，COFs 的合成相对困难。目前，大多数已合成的 COFs 主要采用溶剂热法。COFs 的制备受到很多因素的影响，包括反应时间、温度、溶剂体系和催化剂浓度等。

COFs 的发展起源可追溯到 2005 年，Yaghi 课题组[12]通过拓扑设计理论，采用对苯二硼酸（BDBA）作为合成前驱体，利用硼酸自缩聚反应制成 COF-1，利用硼酸与二醇共缩聚反应制成 COF-5。粉末 X 射线衍射（PXRD）表明 COF-1 和 COF-5 都具有高度有序的晶态结构。之后，科研工作者利用醛与胺缩合、醛与腙缩合、醛与肼缩合等多种可逆反应（图 1-1），探索并合成了多种 COFs 材料。

2. 超交联微孔聚合物（HCPs）

HCPs 是微孔有机聚合物的一个重要分支，是通过密集交联阻止高分子链紧密堆积而形成的具有永久微孔结构的有机多孔聚合物[13]。该聚合物主要通过傅-克烷基化反应合成。该反应方法的优点在于反应速率快，能够使高分子片段之间迅速形成稳定交联，得到具有高比表面积的交联网络。深度交联的网络结构为聚合物提供了高度刚性的骨架，有效阻止了分子链在固态时的紧密收缩，从而形成永久孔隙，获得稳定的孔道结构。近年来，HCPs 凭借其显著的优点快速发展，如合成方法多样化、易官能化、比表面积高、成本低和操作条件安全等。合理选择单体、

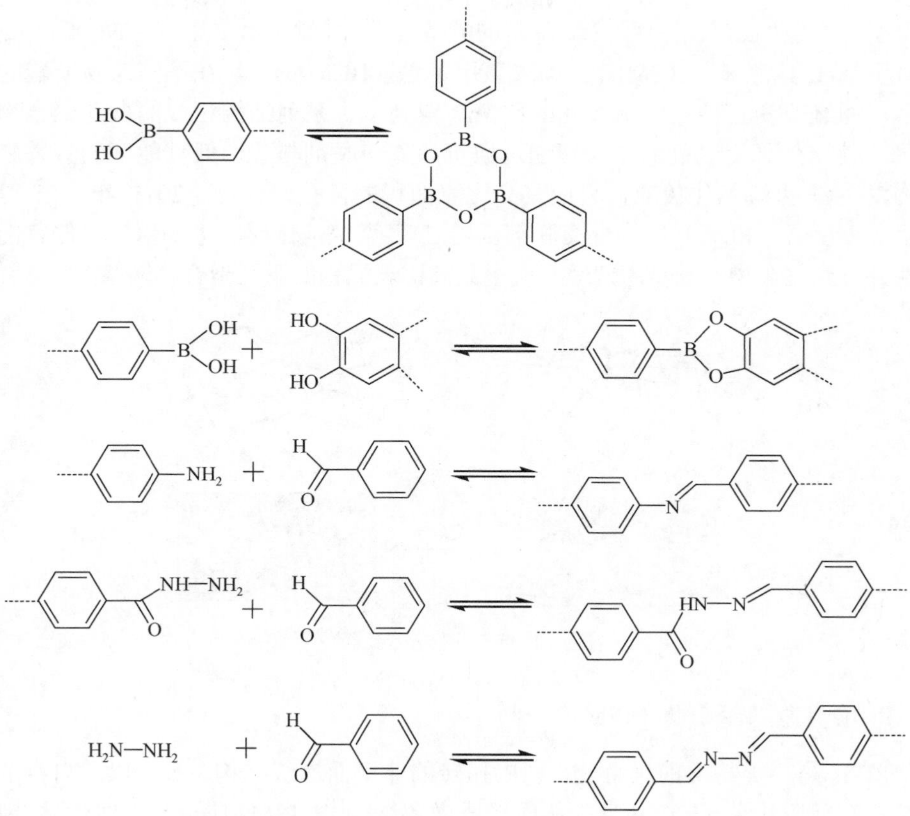

图 1-1 合成 COFs 的可逆反应

适当长度的交联剂和优化的反应条件,可以制备具有可调整多孔拓扑的聚合物骨架。而在反应后期引入其他的化学官能团,可使其性能进一步增强,从而应用于特定场合。

从合成的角度来看,HCPs 主要通过以下三种方法制备:①聚合物后交联;②官能单体直接一步缩聚;③使用外部交联剂。聚合物后交联法是指形成聚合物后再进行交联,通常先使反应单体自具或者共聚成聚合度小的或线性高分子前驱体,然后再加入交联剂,在一定条件下通过发生交联反应得到超交联聚合物[14](图 1-2)。该方法可追溯到 20 世纪 70 年代,Davankov 等利用傅-克烷基化反应,并使用不同的有机交联剂,将线性聚苯乙烯高分子链中相邻的两个苯环进行交联,合成了具有高度溶胀性能的多孔聚苯乙烯[15]。一般来说,这种简单的方法包括两个关键步骤:①聚合物前驱体的完全溶解或溶胀;②后交联。官能单体直接一步缩聚法是指由带两个以上反应活性位点的单体在一定条件下直接聚合成超交联网络。这种合成策略不但简化了合成步骤,而且制备过程更简单。这方面的研究最早由 Cooper

小组展开,他们选取了三种含氯甲基的芳香环单体[对二氯二甲苯(DCX)、4,4′-二氯甲基-1,1′-联苯(BCMBP)和二氯甲基蒽(BCMA)],在不同路易斯酸的催化下,通过改变三种不同单体间的比例,得到了一系列结构相似的微孔聚合物网络[16]。使用外部交联剂的方法指通过廉价的外交联剂与普通低官能度的芳香族化合物发生傅-克烷基化反应,合成具高比表面积的微孔聚合物。2011 年,Li 等以二甲醇缩甲醛(FDA)作为外交联剂,通过傅-克烷基化反应"编织"了低官能度刚性芳香族化合物,一步高效地合成了具高比表面积的微孔聚合物网络[17]。

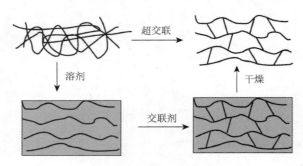

图 1-2 超交联方法示意图

3. 自具微孔聚合物(PIMs)

PIMs 是一类特殊的聚合物,利用扭转的非平面次级结构单元,以及自身的刚性结构有效阻止分子链的堆积,从而形成微孔结构[18]。PIMs 属于一维线性聚合物,在部分有机溶剂中具有良好的溶解性,易用于制备微孔聚合物薄膜。迄今为止,成功用于合成 PIMs 的化学反应有三种:苯并二氧六环聚合反应、Tröger 碱反应和聚酰亚胺反应,如图 1-3 所示[19]。

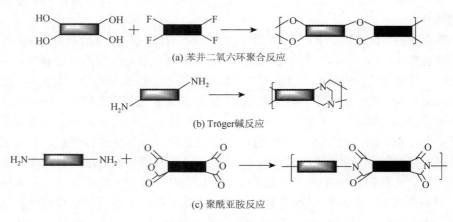

图 1-3 合成 PIMs 的经典反应

PIMs 的发展起源可追溯到 2002 年，McKeown 等[20]通过螺旋双茚和卟啉或酞菁之间的亲核取代反应，首次制备了 PIMs，其比表面积分别为 910 m^2/g 和 895 m^2/g。该材料具有高比表面积的原因是双茚的刚性分子结构减弱了芳香大环之间的 π-π 堆积，从而抑制聚合物片段之间的堆积，进而形成大量相互连通的孔结构。之后，Budd 等[21]制备了 6 种可溶的线性 PIMs，其比表面积范围为 440~850 m^2/g。

4. 共轭有机微孔聚合物（CMPs）

CMPs 是一类重要的有机多孔聚合物，具备稳定的三维网络结构，结合了多孔性和共轭高分子的光电功能，极大拓展了多孔材料的应用领域。CMPs 利用芳香环结构单元直接相连，或通过 C═C 双键/C≡C 三键间接与其他芳香环结构单元相连，从而形成微孔结构。由于整个体系内的单键-双键/三键互变异构，CMPs 的整个骨架结构是全共轭的。另外，CMPs 的形成过程受动力学控制，反应为热力学不可逆反应。因此，CMPs 通常呈非晶或无定形，而不具有晶体结构。通过优化分子构筑单元及控制反应条件，可以较容易地调控 CMPs 的孔尺寸和孔径分布。同时，通过对反应单体的设计，利用多种功能基团可以对 CMPs 分子骨架进行修饰，从而获得多功能的 CMPs。

CMPs 的发展起源可追溯到 2007 年，该材料由含乙炔基的芳烃和含卤素的芳烃通过 Sonogashira-Hagihara 偶联反应制成，比表面积高达 834 m^2/g。炔键实现共轭的原因如下：炔键是最佳的轻量级连接单元，便于制备低密度的多孔材料[22]。2008 年，Jiang 课题组又报道了自偶联共轭微孔聚合物，其具有微/介孔杂化的特性[23]。同年，Weber 和 Thomas 发现聚对苯基 CMPs 网络展现出发光特性，这使得它能够应用于有机发光二极管[24]。2009 年，Ben 等报道了由金属催化反应制备的多孔芳香骨架材料[25]。2010 年，Chen 等利用聚苯基 CMPs 作为天线进行光能收集[26]。同年，Chen 课题组还合成了含卟啉基的 CMPs[27]。2011 年，Cooper 等报道了可利用四溴芘与不同二溴苯和二溴苯基共聚物反应制备荧光 CMPs[28]。同年，Jiang 课题组以 1,2,4,5-苯四胺四盐酸盐和环己六酮作为反应单体制备得到了一种氮杂化骨架共轭微孔聚合物，并将其用于超级电容储能体系，该材料具有电容大、能量和功率密度高、可重复储能和供电、循环寿命长等特点[29]。2012 年，可溶性共轭微孔聚合物、荧光咔唑基共轭微孔聚合物、无定形的共轭半结晶共价三嗪基框架聚合物等被合成[30]。2013 年，核-壳结构的 CMPs 被合成[31]。随后，CMPs 朝着功能化、多样化等方向发展。

用于合成 CMPs 材料的常见反应如图 1-4 所示。Suzuki-Miyaura 偶联反应又称 Suzuki 反应，即用零价钯作为催化剂，少量水作为共溶剂，通过弱碱的作用，使得芳基硼酸或芳基硼酸酯这样的芳基硼化物与芳基卤代物发生偶联反应。Sonogashira-

Hagihara 偶联反应又称 Sonogashira 反应，是合成 CMPs 时常用的一个反应。该反应可以在钯催化剂和碘化亚铜的共同催化下使末端炔基碳与卤代芳香环碳连接起来，具有一定选择性，并且反应条件相对简单，副反应少，只是在氧存在的情况下会导致炔烃发生自偶联反应。氧化偶联反应指含氧条件下末端炔烃的偶联反应。Yamamoto 偶联反应指的是芳基卤代物之间的偶联反应。在该反应中，先用芳基卤代物与有机镍试剂反应生成芳基镍化物，再使芳基镍化物与另外的芳基卤化物发生反应。席夫碱缩合反应又称醛胺缩合反应，是醛基和伯胺在酸的催化下脱水形成烯胺的反应。这一反应的优点在于无需贵金属催化，成本较低，同时还消

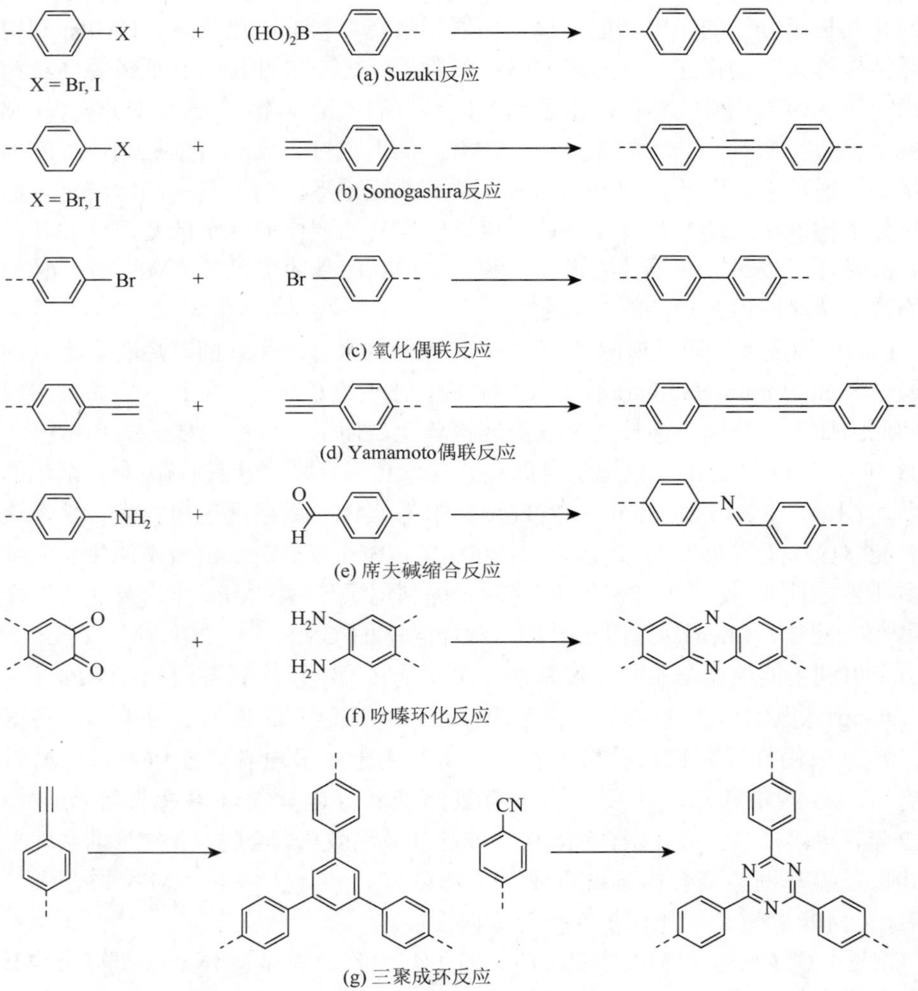

(a) Suzuki反应

(b) Sonogashira反应

(c) 氧化偶联反应

(d) Yamamoto偶联反应

(e) 席夫碱缩合反应

(f) 吩嗪环化反应

(g) 三聚成环反应

图 1-4　合成 CMPs 材料的常见反应

除了残存在产物中的金属催化剂堵塞孔道的可能性。吩嗪环化反应是指利用芳基二酮和芳基二胺构筑吩嗪环。与其他反应相比,其底物范围有限,因此用吩嗪环化反应构筑的 CMPs 相对较少。三聚成环反应是比较特殊的一类构建 CMPs 的反应,即通过单体的相同官能团之间的反应实现三聚,形成六元芳香环;所得六元芳香环能够连接不同的单体,从而得到共轭的多孔网络。

1.1.3 有机多孔聚合物在环境处理中的应用

有机多孔聚合物作为一种新型的功能性材料,在近年来得到极大发展,并被广泛应用于重金属离子吸附、气体吸附、2, 4, 6-三硝基甲苯(TNT)吸附及水体中污染物的吸附等。有机多孔聚合物的吸附能力主要取决于材料的比表面积、孔体积、孔径尺寸及孔道内部的化学环境等因素[32]。具体来说,有机多孔聚合物的比表面积和孔体积决定了材料对吸附物的吸附容量,孔径尺寸决定了材料是否会对吸附物采取选择性吸附,孔道内部的化学环境则给材料带来了特定的化学吸附作用。

1. 重金属离子的吸附

废水中的重金属离子是对人类健康的一个重要威胁,重金属离子(Cd^{2+}、Hg^{2+}、Pb^{2+}等)难以在人体内降解,会严重损害人的肝脏、肾脏和骨骼。因此,在将重金属离子释放到环境之前,迫切需要利用适当的技术从废水中去除重金属离子。重金属离子的去除方法多种多样,如膜分离、沉淀、过滤、离子交换、反渗透、络合、电化学方法等[33]。膜分离等方法存在能耗高、成本高、实施复杂等缺点,不能满足安全、实用的要求。吸附法被认为是最有效的方法。传统的无机吸附剂,如活性炭等,其使用因吸附能力、成本或安全问题等而受限。有机多孔聚合物由于具有物理化学稳定性良好、比表面积高、孔径可调、表面易修饰等优点,被广泛应用于环境废水中重金属离子的治理。有机多孔聚合物作为金属离子吸附剂,其重点主要集中于两个方面:①表面修饰,即在材料表面引入氨基、羧基和巯基等能与金属离子发生络合作用的基团;②设计一些可以与金属离子发生络合作用的单体,合成新型有机多孔聚合物。Li 等[34]通过将超交联 Davankov 树脂进行磺化反应,制备出磺酸基团修饰的超交联聚合物 SAM-HCPs。该方法不仅保持了聚合物的微孔结构,而且提高了聚合物的亲水性,从而有效提高了聚合物对废水中金属离子的吸附能力。SAM-HCPs 对 Pb^{2+}、Cu^{2+}、Cr^{3+}和 Ni^{2+}等金属离子的吸附能力远高于未修饰的 HCPs 材料。Ding 等[35]以 2, 5-双[3-(乙硫基)丙氧基]对苯二甲酰肼与 1, 3, 5-三醛基苯为单体合成硫醚功能化的 COF-LZU8,硫醚基团作为 Hg^{2+}的受体,能实现对 Hg^{2+}的吸附去除。此外,在所有重金属离子去除过程中,吸附剂的解吸/再生是必不可少的特性之一，因为它决定了吸附过程的经济性。为了有效再生吸附剂，酸（如 HCl、H_2SO_4、HNO_3、HCOOH 和 CH_3COOH）、碱（如 NaOH、$NaHCO_3$、Na_2CO_3、KOH 和 K_2CO_3）等常被用作洗脱剂。

2. CO_2 气体的吸附

CO_2 是温室气体的主要成分和导致海洋酸化的主要因素，因而吸附与分离 CO_2 具有重要的研究意义和巨大的经济价值。增加比表面积和调节孔径等方法被认为是提高有机多孔聚合物对 CO_2 吸附能力的有效手段。Qin 等[36]通过调节单体的分子长度和几何形状，合成了一系列基于亚苯基的 CMPs 材料（A_6CMP-1～A_6CMP-7），其中 A_6CMP-6 的微孔尺寸为 0.46 nm，接近 CO_2 的动力学半径，在 273 K、100 kPa 时，CO_2 的吸附量最高为 3.62 mmol/g。除此以外，还可以通过增加能够与 CO_2 紧密结合的结构来提高吸附材料对 CO_2 的捕获能力。例如，可通过在有机多孔聚合物中引入杂原子（N、O 等）或某些官能团（—NH_2、—OH 等）来提高有机多孔聚合物对 CO_2 的亲和力，从而提高材料对 CO_2 的吸附量及对 N_2 和 CH_4 的分离能力。Chen 等[37]以咔唑为构筑单元，1,4-对二氯苄为交联剂，采用傅-克烷基化反应合成了超交联微孔有机聚合物 NOP-50A，其比表面积为 997 m^2/g，超微孔尺寸主要为 0.55 nm。NOP-50A 网络中有丰富的富电子碱性杂原子，其对 CO_2 具有良好的亲和性，因此 NOP-50A 对 CO_2 的吸附量（质量分数）可达到 18.8%（273 K、100 kPa），进一步说明氮掺杂有机多孔聚合物在 CO_2 吸附和分离领域具有巨大的应用前景。

3. 硝基化合物的吸附

硝基化合物对环境的污染主要与炸药工业有关。芳香族硝基炸药主要包括 TNT、1,3,5-三硝基苯（TNB）和 2,4,6-三硝基苯酚（苦味酸）等。其中，TNT 具有原料易得、操作安全、理化性能稳定、爆炸性能优良等特点，是混合炸药必不可少的一部分。但是在生产及使用中，TNT 的排放与泄露难以避免，这给生态和环境带来了较大的潜在危害，特别是对水环境的危害极大。为了保障生态和环境安全，对含 TNT 的废水进行处理是十分必要的。目前，土壤掩埋和焚烧是最常用的处理方法，但它们能耗高、成本高，而且可能会对生态系统造成严重损害。因此，开发针对含 TNT 废水的更快、更廉价和更有效的处理方法和技术具有十分重要的意义。有机多孔聚合物具有优异的性质，能较好地吸附 TNT。由于 TNT 上存在强吸电子的硝基基团，因此 TNT 的苯环具有高度缺电子的特性。同时硝基中氮、氧原子之间的强极化作用能使 TNT 分子的硝基产生偶极子，且偶极子正电荷中心主要集中在氮原子上。因此，已报道的吸附材料通常具有以下特征：具备能够提供与 TNT 缺电子苯环作用的富电子 π 平面；具备能够同硝基偶极子作用的供电活性位点；在吸附材料的表面存在对 TNT 具有高亲和力的功能基团，如羟基、氨基等。Deng 等以间苯二腈氧化物与聚丁二烯为原料通过点击聚合和冷冻干燥制备了一种新型异噁唑啉基多孔聚合物材料。由于偶极-π 和 π-π 相互作用的协同作用增大了有机多孔聚合物与 TNT 的结合面积，所制备的吸附剂对水中的 TNT 表现出高效吸附，在 298K 时对 TNT 的最大吸附量为 177.3 mg/g[38]。

4. 有机染料的吸附

有机染料在纺织、皮革和塑料等工业应用中起着至关重要的作用。如今，市面上有近 10 万种染料，每年每 160 万 t 有机染料中有 15%被废弃。因此，工业废水中合成染料的存在已成为水被污染的主要原因之一。大多数合成染料含有不可降解的芳香族化合物，其具有较高的毒性、致癌性和致突变性，对人类健康和生态系统构成严重威胁。因此，如何有效处理工业废水中的染料是一个重要且具有挑战性的课题。吸附法是一种经济有效的去除废水中有机染料的方法。近年来，有机多孔聚合物在有机染料吸附方面具有良好的应用前景，引起了人们的关注。Rajendran 等[39]利用由咔唑和吡啶组成的单体通过傅-克烷基化反应合成了咔唑基超交联聚合物 Cz-pyr-P，该材料具有较高的比表面积（1065 m^2/g），对亚甲基蓝的吸附量为 175.44 mg/g。Ou 等[40]以戊二烯为单体通过傅-克烷基化反应制备了超交联聚合物 PHCP。PHCP 的比表面积为 1074 m^2/g，对结晶紫和亚甲基蓝有很好的吸附能力，吸附量分别为 877 mg/g 和 289 mg/g。方婧等[41]以 4,4′-二氨基苯甲酰胺和均苯三甲醛为单体合成了一种新型酰胺功能化的 COF（JUC-578），其骨架中暴露的氮活性位点可以作为电子给体与缺电子的阳离子染料发生相互作用，选择性吸附阳离子染料。

5. 碘的吸附

随着能源需求的快速增长，核能作为一种绿色可靠的能源，受到全世界越来越多的关注。然而，核工业中放射性碘的排放威胁着人类健康。近年来，碘的捕获引起人们极大的关注。有机多孔聚合物具有较高的碘吸附性能，在碘吸附领域表现出很好的应用前景。一般来说，碘的吸附取决于有机多孔聚合物的孔隙特征（孔隙大小和孔隙体积）和有机多孔聚合物对碘分子的亲和力。碘分子是电子受体分子，可以与电子供给体形成电子转移化合物。因此，在有机多孔聚合物中引入含 N、O、S、羰基、羟基及 π 共轭体系等富电子的基团，可大大提高其对碘分子的亲和力，从而提高其吸附性能。Zhu 等[42]以 1,3,5-三乙炔苯和二溴取代的 BODIPY 衍生物为构筑单元通过 Sonogashira 反应合成了两种新型的 CMPs（BDP-CPP-1 和 BDP-CPP-2），其比表面积分别为 635 m^2/g 和 235 m^2/g。BDP-CPP-1 和 BDP-CPP-2 对碘的吸附量（质量分数）分别为 283%和 223%。由于三键、芳香环和含 N、B、F 元素的 π 共轭 BODIPY 单元的共存，聚合物与碘分子之间有较强的亲和力，这使得聚合物对碘有较高的吸附能力。为了实现对碘的高容量吸附，Xu 等[43]通过 Sonogashira 反应，以及引入不同柔性结合位点，构建了胺功能化荧光共轭微孔聚合物。其中 N, N-二乙基丙胺具有更高的旋转自由度，可有效改善碘分子与吸附剂之间的相互作用，增强吸附剂对碘的吸附能力。同时，由于碘的强荧光猝灭效应，以及聚合物的全共轭结构，当微量的碘与吸附材料作用时，淬灭信号会被放大，有利于实现碘的有效检测。

1.2 有机气凝胶概述

气凝胶是一种具有超高孔隙率和超低密度的三维多孔材料，表现出优异的光、热、声、电和力学等性质，广泛应用于航空航天、石油化工、环境保护、能量存储与转化等领域[44]。气凝胶包括有机气凝胶、无机气凝胶等。有机气凝胶最早以间苯二酚-甲醛（RF）气凝胶为代表。随着 RF 气凝胶的出现，三聚氰胺-甲醛（MF）等有机气凝胶也相继问世。近年来，随着高分子材料的发展，聚合物基有机气凝胶因具有极低的导热系数和密度、优异的弹性和可设计的多功能性得到了极大发展，有机气凝胶的应用范围也逐渐扩大。

1.2.1 有机气凝胶的发展历程

有机气凝胶的发展起源可追溯到 20 世纪 80 年代，Pekala[45]利用溶胶-凝胶法首次合成了 RF 气凝胶。RF 气凝胶的制备过程如下：以物质的量之比为 1∶2 的间苯二酚和甲醛为原料，在碳酸钠等碱催化剂的作用下进行缩聚反应，形成表面功能化的聚合物"团簇"，这些"团簇"通过表面官能团进行进一步缩合，形成具三维网络结构的凝胶，再经过 CO_2 超临界条件处理，获得密度小于 0.1 g/cm^3 的有机气凝胶，如图 1-5 所示。之后的二十多年，酚醛树脂气凝胶的研究成为了热点。比如，尚承伟等[46]以三聚氰胺和多聚甲醛为原料，二甲基亚砜为溶剂，制备了 MF 湿凝胶，再经过超临界干燥，制备了 MF 气凝胶。为了进一步简化制备工艺、降低生产成本，研究者提出以乙醇、丙酮等有机溶剂代替 CO_2 作为超临界干燥介质制备有机气凝胶，或者直接采用常压干燥、冷冻干燥、微波干燥等方法制备有机气凝胶。比如，Nicholas 等[47]以异氰酸酯和水为原料，Et_3N 为催化剂，分别以丙酮、乙腈和二甲基亚砜为溶剂，用常压干燥法制备得到聚脲气凝胶，其孔隙率高达 98.6%。迄今为止，研究者已制备了各种各样的有机气凝胶，如聚氨酯气凝胶、聚酰亚胺气凝胶、聚苯并噁嗪气凝胶、纤维素类气凝胶等[48]。

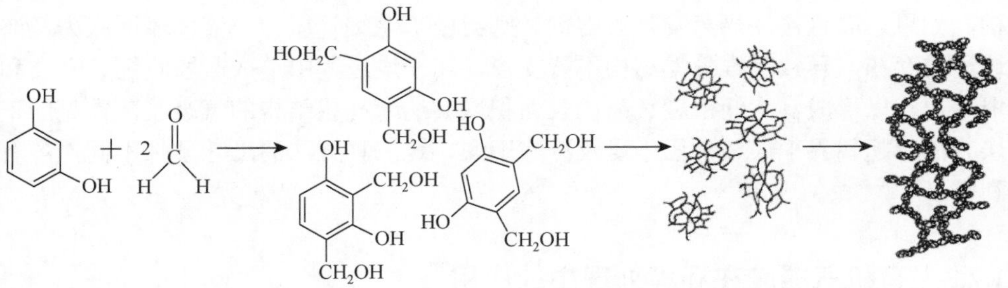

图 1-5 RF 气凝胶的溶胶-凝胶聚合过程

1.2.2 有机气凝胶的制备

通常，大多数气凝胶是基于溶胶-凝胶过程制备的，包括前驱体溶解、溶胶与凝胶形成和随后的凝胶干燥，如图 1-6 所示[49]。在溶胶-凝胶过程中，纳米级的溶胶颗粒（胶体颗粒）在前驱体溶液中自发形成，或在一定的催化剂引发的水解、缩聚反应中形成。溶胶颗粒会逐渐聚集成为小颗粒团簇，小颗粒团簇相互碰撞形成较大的颗粒团簇，最终形成连续的网状结构。

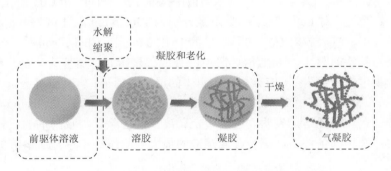

图 1-6 气凝胶的制备示意图

1. 湿凝胶的制备

湿凝胶的制备方法有以下两种：①化学法—通过带有官能团的小分子缩聚形成具有化学交联网络结构的湿凝胶；②物理法—结晶性聚合物在溶剂中溶解之后再结晶，从而形成具有物理交联网络结构的聚合物湿凝胶。

2. 凝胶的干燥

凝胶的干燥是指在保持三维网络状结构不变的前提下除去凝胶中的溶剂。干燥过程是制备气凝胶最为关键的一个过程。湿凝胶中存在三维网络的纳米孔状结构，如果采取直接加热蒸发除去溶剂，则会由于毛细管压力、液体表面张力及渗透压的存在，导致三维骨架结构不能支撑，在干燥过程中造成凝胶收缩、开裂和坍塌，难以形成具有低密度、高比表面积以及纳米孔状结构的气凝胶。常见的干燥方法有超临界干燥、常压干燥及冷冻干燥，这三种方法的工艺条件不同，各有利弊。

1.2.3 有机气凝胶在环境处理中的应用

有机气凝胶具有密度低、比表面积高、孔隙率高和易功能化等特点，广泛用于环境治理方面，如吸附大气中的 CO_2，吸附和去除废水中的重金属离子、有机染料等[50-52]。在提高有机气凝胶对 CO_2 的捕获能力方面，常用的有效方法是对有机气凝胶进行氨基修饰，如 Wang 和 Okubayashi[53]通过溶胶-凝胶法、水解反应和交联反应制备了一种新型聚乙烯亚胺交联纤维素气凝胶吸附剂。气凝胶对 CO_2 的吸附量在 25℃时达到 2.31 mmol/g。10 次吸附-解吸循环后，气凝胶仍表现出良好的 CO_2 吸附-解吸循环性能。为了提高有机气凝胶对金属离子的吸附能力，可将含 O、N、S 等给电子的功能基元引入有机气凝胶，如 Motahari 等[54]开发了一种氨基修饰间苯二酚-甲醛气凝胶，其可从水溶液中捕获 Pb^{2+}、Hg^{2+} 和 Cd^{2+}。在 pH 为 6 的条件下，气凝胶对 Pb^{2+}、Hg^{2+} 的吸附量分别为 156.25 mg/g、158.73 mg/g；在 pH 为 5 的条件下，气凝胶对 Cd^{2+} 的吸附量为 151.52 mg/g。Chaisuwan 等[55]以苯酚、胺和甲醛为起始前驱体，通过溶胶-凝胶法合成了聚苯并噁嗪基气凝胶。聚苯并噁嗪基气凝胶可作为吸附剂，有效去除废水中的重金属离子。气凝胶对金属离子的吸附量为 $Sn^{2+}>Cu^{2+}>Fe^{2+}>Pb^{2+}>Ni^{2+}>Cd^{2+}>Cr^{2+}$。这个顺序与 Irving-Williams 规则保持一致。研究结果表明，溶液中金属离子的去除量与吸附剂的质量和吸附时间有关；在相同条件下，混合金属溶液的最大吸附量小于单金属溶液的最大吸附量。

参 考 文 献

[1] Schwarzenbach R P, Egli T, Hofstetter T B, et al. Global water pollution and human health. Annual Review of Environment and Resources, 2010, 35（1）: 109-136.

[2] Walsh B, Ciais P, Janssens I A, et al. Pathways for balancing CO_2 emissions and sinks. Nature Communications, 2017, 8（1）: 14856.

[3] Noyes P D, McElwee M K, Miller H D, et al. The toxicology of climate change: environmental contaminants in a warming world. Environment International, 2009, 35（6）: 971-986.

[4] Olafisoye O B, Adefioye T, Osibote O A. Heavy metals contamination of water, soil, and plants around an electronic waste dumpsite. Polish Journal of Environmental Studies, 2013, 22（5）: 1431-1439.

[5] Khattab T A, Abdelrahman M S, Rehan M. Textile dyeing industry: environmental impacts and remediation.

Environmental Science and Pollution Research, 2020, 27 (4): 3803-3818.

[6] Zhang J P, Lin X Y, Luo X G, et al. A modified lignin adsorbent for the removal of 2, 4, 6-trinitrotoluene. Chemical Engineering Journal, 2011, 168 (3): 1055-1063.

[7] Joseph L, Jun B M, Flora J R V, et al. Removal of heavy metals from water sources in the developing world using low-cost materials: a review. Chemosphere, 2019, 229: 142-159.

[8] Afroze S, Sen T K. A review on heavy metal ions and dye adsorption from water by agricultural solid waste adsorbents. Water, Air, & Soil Pollution, 2018, 229 (7): 225.

[9] Wu J L, Xu F, Li S M, et al. Porous polymers as multifunctional material platforms toward task-specific applications. Advanced Materials, 2019, 31 (4): 1802922.

[10] Wu D C, Xu F, Sun B, et al. Design and preparation of porous polymers. Chemical Reviews, 2012, 112 (7): 3959-4015.

[11] Zhang T, Xing G L, Chen W B, et al. Porous organic polymers: a promising platform for efficient photocatalysis. Materials Chemistry Frontiers, 2020, 4 (2): 332-353.

[12] Côté A P, Benin A I, Ockwig N W, et al. Porous, crystalline, covalent organic frameworks. Science, 2005, 310 (5751): 1166-1170.

[13] Tan L X, Tan B E. Hypercrosslinked porous polymer materials: design, synthesis, and applications. Chemical Society Reviews, 2017, 46 (11): 3322-3356.

[14] Germain J, Fréchet J M J, Svec F. Hypercrosslinked polyanilines with nanoporous structure and high surface area: potential adsorbents for hydrogen storage. Journal of Materials Chemistry, 2007, 17 (47): 4989-4997.

[15] Davankov V A, Rogoshin S V, Tsyurupa M P. Macronet isoporous gels through crosslinking of dissolved polystyrene. Journal of Polymer Science: Polymer Symposia, 1974, 47 (1): 95-101.

[16] Wood C D, Tan B, Trewin A, et al. Hydrogen storage in microporous hypercrosslinked organic polymer networks. Chemistry of Materials, 2007, 19 (8): 2034-2048.

[17] Li B Y, Gong R N, Wang W, et al. A new strategy to microporous polymers: knitting rigid aromatic building blocks by external cross-linker. Macromolecules, 2011, 44 (8): 2410-2414.

[18] McKeown N B, Budd P M. Polymers of intrinsic microporosity (PIMs): organic materials for membrane separations, heterogeneous catalysis and hydrogen storage. Chemical Society Reviews, 2006, 35 (8): 675-683.

[19] McKeown N B. The synthesis of polymers of intrinsic microporosity (PIMs). Science China Chemistry, 2017, 60 (8): 1023-1032.

[20] McKeown N B, Hanif S, Msayib K, et al. Porphyrin-based nanoporous network polymers. Chemical Communications, 2002 (23): 2782-2783.

[21] Budd P M, Ghanem B S, Makhseed S, et al. Polymers of intrinsic microporosity (PIMs): robust, solution-processable, organic nanoporous materials. Chemical Communications, 2004 (2): 230-231.

[22] Jiang J X, Su F B, Trewin A, et al. Conjugated microporous poly(aryleneethynylene)networks. Angewandte Chemie International Edition, 2007, 46 (45): 8574-8578.

[23] Jiang J X, Su F B, Niu H J, et al. Conjugated microporous poly (phenylene butadiynylene)s. Chemical Communications, 2008 (4): 486-488.

[24] Weber J, Thomas A. Toward stable interfaces in conjugated polymers: microporous poly (p-phenylene) and poly (phenyleneethynylene) based on a spirobifluorene building block. Journal of the American Chemical Society, 2008, 130 (20): 6334-6335.

[25] Ben T, Ren H, Ma S Q, et al. Targeted synthesis of a porous aromatic framework with high stability and

exceptionally high surface area. Angewandte Chemie International Edition，2009，48（50）：9457-9460.

[26] Chen L，Honsho Y，Seki S，et al. Light-harvesting conjugated microporous polymers：rapid and highly efficient flow of light energy with a porous polyphenylene framework as antenna. Journal of the American Chemical Society，2010，132（19）：6742-6748.

[27] Chen L，Yang Y，Jiang D L. CMPs as scaffolds for constructing porous catalytic frameworks：a built-in heterogeneous catalyst with high activity and selectivity based on nanoporous metalloporphyrin polymers. Journal of the American Chemical Society，2010，132（26）：9138-9143.

[28] Jiang J X，Trewin A，Adams D J，et al. Band gap engineering in fluorescent conjugated microporous polymers. Chemical Science，2011，2（9）：1777-1781.

[29] Kou Y，Xu Y H，Guo Z Q，et al. Supercapacitive energy storage and electric power supply using an aza-fused π-conjugated microporous framework. Angewandte Chemie International Edition，2011，50（37）：8753-8757.

[30] Cheng G，Hasell T，Trewin A，et al. Soluble conjugated microporous polymers. Angewandte Chemie International Edition，2012，51（51）：12727-12731.

[31] Xu Y H，Nagai A，Jiang D L. Core-shell conjugated microporous polymers：a new strategy for exploring color-tunable and-controllable light emissions. Chemical Communications，2013，49（16）：1591-1593.

[32] Zhan W P，Li A Q，Ding S Y. Application of porous organic polymers in water contaminants removal. Chinese Journal of Applied Chemistry，2016，33（5）：513-523.

[33] Burakov A E，Galunin E V，Burakova I V，et al. Adsorption of heavy metals on conventional and nanostructured materials for wastewater treatment purposes：a review. Ecotoxicology and Environmental Safety，2018，148：702-712.

[34] Li B Y，Su F B，Luo H K，et al. Hypercrosslinked microporous polymer networks for effective removal of toxic metal ions from water. Microporous and Mesoporous Materials，2011，138（1）：207-214.

[35] Ding S Y，Dong M，Wang Y W，et al. Thioether-based fluorescent covalent organic framework for selective detection and facile removal of mercury（II）. Journal of the American Chemical Society，2016，138（9）：3031-3037.

[36] Qin L，Xu G J，Yao C，et al. Conjugated microporous polymer networks with adjustable microstructures for high CO_2 uptake capacity and selectivity. Chemical Communications，2016，52（85）：12602-12605.

[37] Chen D Y，Gu S，Fu Y，et al. Tunable porosity of nanoporous organic polymers with hierarchical pores for enhanced CO_2 capture. Polymer Chemistry，2016，7（20）：3416-3422.

[38] Deng H Y，Zhang B Y，Xu Y W，et al. A simple approach to prepare isoxazoline-based porous polymer for the highly effective adsorption of 2, 4, 6-trinitrotoluene（TNT）：catalyst-free click polymerization between an in situ generated nitrile oxide with polybutadiene. Chemical Engineering Journal，2020，393：124674.

[39] Rajendran N，Samuel J，Amin M O，et al. Carbazole-tagged pyridinic microporous network polymer for CO_2 storage and organic dye removal from aqueous solution. Environmental Research，2020，182：109001.

[40] Ou Q，Zhang Q M，Zhu P C，et al. Pentiptycene-based microporous polymer for removal of organic dyes from water. European Polymer Journal，2019，120：109216.

[41] 方婧，赵文娟，张明浩，等. 一种新型酰胺功能化的共价有机框架用于选择性染料吸附. 化学学报，2021，79（2）：186-191.

[42] Zhu Y L，Ji Y J，Wang D G，et al. BODIPY-based conjugated porous polymers for highly efficient volatile iodine capture. Journal of Materials Chemistry A，2017，5（14）：6622-6629.

[43] Xu M Y，Wang T，Zhou L，et al. Fluorescent conjugated mesoporous polymers with N, N-diethylpropylamine for the efficient capture and real-time detection of volatile iodine. Journal of Materials Chemistry A，2020，8（4）：1966-1974.

[44] Pierre A C, Pajonk G M. Chemistry of aerogels and their applications. Chemical Reviews, 2002, 102 (11): 4243-4265.

[45] Pekala R W. Organic aerogels from the polycondensation of resorcinol with formaldehyde. Journal of Materials Science, 1989, 24 (9): 3221-3227.

[46] 尚承伟, 胡文成, 任洪波, 等. 无催化法制备低密度三聚氰胺-甲醛气凝胶. 强激光与粒子束, 2010, 22 (12): 2901-2904.

[47] Nicholas L, Chariklia S L, Naveen C, et al. Multifunctional polyurea aerogels from isocyanates and water. A structure-property case study. Chemistry of Materials, 2010, 22 (24): 6692-6710.

[48] 陈颖, 邵高峰, 吴晓栋, 等. 聚合物气凝胶研究进展. 材料导报, 2016, 30 (13): 55-62, 70.

[49] Qiong Z L, Kun Y, Jia H C, et al. Recent advances in novel aerogels through the hybrid aggregation of inorganic nanomaterials and polymeric fibers for thermal insulation. Aggregate, 2021, 2 (2): e30.

[50] Chen Y, Shao G F, Kong Y, et al. Facile preparation of cross-linked polyimide aerogels with carboxylic functionalization for CO_2 capture. Chemical Engineering Journal, 2017, 322: 1-9.

[51] Li S Z, Li Y P, Fu Z, et al. A 'top modification' strategy for enhancing the ability of a chitosan aerogel to efficiently capture heavy metal ions. Journal of Colloid and Interface Science, 2021, 594: 141-149.

[52] Lei C Y, Wen F B, Chen J M, et al. Mussel-inspired synthesis of magnetic carboxymethyl chitosan aerogel for removal cationic and anionic dyes from aqueous solution. Polymer, 2021, 213: 123316.

[53] Wang C, Okubayashi S. Polyethyleneimine-crosslinked cellulose aerogel for combustion CO_2 capture. Carbohydrate Polymers, 2019, 225: 115248.

[54] Motahari S, Nodeh M, Maghsoudi K. Absorption of heavy metals using resorcinol formaldehyde aerogel modified with amine groups. Desalination and Water Treatment, 2016, 57 (36): 16886-16897.

[55] Chaisuwan T, Komalwanich T, Luangsukrerk S, et al. Removal of heavy metals from model wastewater by using polybenzoxazine aerogel. Desalination, 2010, 256 (1-3): 108-114.

第 2 章　吸附研究方法

吸附是一种表面现象，它被定义为在两相之间的表面或界面上某一特定组分浓度的增加。黏附在固体表面的污染物称为吸附物，固体表面称为吸附剂。吸附也可以称为污染物从液相到吸附剂的传质过程。随着经济的迅猛发展，吸附法因操作简单、成本低廉、效率高等而被广泛用于环境污染物处理领域，具有广阔的应用前景[1]。本章将详细介绍高分子环境吸附材料的评价方法和吸附理论研究情况。

2.1　高分子环境吸附材料的评价方法

2.1.1　吸附量

吸附量是指在一定条件下单位质量的吸附剂所能吸附物质的最大质量，是衡量吸附材料吸附性能的重要指标之一。平衡吸附量（q_e, mg/g）和吸附去除率（E, %）通过以下公式计算得到：

$$q_e = \frac{(C_0 - C_e)V}{m} \tag{2-1}$$

$$E = \frac{C_0 - C_e}{C_0} \times 100\% \tag{2-2}$$

式中，C_0 和 C_e 分别为吸附前及吸附平衡时溶液中吸附物的浓度，mg/L；V 为吸附试验中溶液的体积，L；m 为吸附剂的质量，g。

2.1.2　吸附速率

吸附速率是指单位时间内被吸附的吸附物的质量，是衡量吸附材料吸附效果的重要指标之一。在固液相吸附过程中，吸附物在吸附剂上的吸附过程常需要一段时间才能达到平衡。因此，吸附速率与吸附过程有关。吸附过程是一个或多个吸附物通过物理或化学作用固定在吸附剂上的过程[2]。如图 2-1 所示，吸附过程依据扩散阶段的不同可以分为外扩散吸附（吸附物由溶液中的离散状态扩散至吸附剂的表面）、内扩散吸附（吸附物在吸附剂内部孔洞内的扩散）和表面吸附（吸附物在吸附剂内部表面的吸附过程）三个过程[3]。最慢阶段的扩散速率决定了吸附过程的总吸附速率。一般情况下，微孔内表面吸附过程的速率比液膜扩散过程和吸附剂微孔内扩散过程快，因此吸附速率主要取决于吸附物在吸附剂中的内外扩散速率。吸附依据吸附机理可分为物理吸附和化学吸附。物理吸附的吸附力是范德瓦耳斯力，可为单层或多层吸附；物理吸附中的吸附速率仅取决于吸附物的浓度，是吸附物浓度的一次函数。化学吸附的吸附力来自吸附材料表面官能团与吸附物之间的化学键，具有饱和性，为单层吸附。利用动力学模型模拟吸附，可以获得吸附速率。

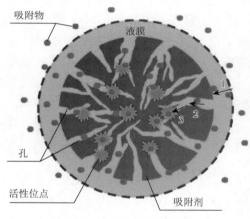

图 2-1　吸附过程示意图

1 为外扩散吸附；2 为内扩散吸附；3 为表面吸附

2.1.3　选择性

吸附剂的选择性在实际应用中起着关键作用。实际应用中的吸附过程主要基于吸附剂对混合体系中个别吸附物的选择性吸附。Ettre 在 1903 年首次提出选择性吸附技术，并将其用于分离叶绿素[4]。通常，吸附剂表面的专一性位点决定了吸附剂的选择性。为了实现选择性吸附，吸附剂的表面可以嫁接具特异性的功能基团或制备具表面分子印迹的吸附材料。其中，表面分子印迹吸附剂是一种选择性较高的吸附材料，可以根据目标吸附物的立体空间构造等形成具有记忆性质的匹配活性位点，从而实现特异性吸附。

2.1.4　再生性

除吸附量、吸附速率和选择性外，吸附剂的再生性也非常重要。对于投入实际应用的吸附剂，经过多次吸附和解吸循环，吸附剂必须能够保持其吸附性能。吸附与解吸是相反的两个现象，吸附容量越大，吸附物与吸附剂的亲和力就越大，这对解吸过程不利。但解吸与吸附同样重要，解吸后吸附剂可重复使用，吸附物可回收，由此二次污染会减少，吸附过程的成本会降低[5]。

吸附剂的回收通常是一个快速的两步过程：①吸附物从吸附剂中解吸；②下一个吸附循环前活化吸附剂。化学处理法因具有效性和成本低等特点被广泛用于吸附剂的解吸。化学处理法需要借助一种环保、便宜和安全的洗脱剂。目前常用的洗脱剂为酸、碱和螯合剂。洗脱剂的选择取决于解吸百分比。例如，用于吸附金属离子的吸附剂常用 HCl、HNO_3 和 H_2SO_4 等酸或乙二胺四乙酸（EDTA）等螯合剂作为洗脱剂。H^+ 具有较高的亲和力，可吸附在吸附剂的供电子基团上，从而取代吸附剂上吸附的金属离子，随后金属离子被释放出来，与阴离子部分形成络合物。螯合剂具有较多的给电子基团，如羧基和胺基等，对金属离子也有很高的亲和性，可以与金属离子形成稳定的配合物，金属离子从吸附剂中解吸后与螯合剂形成络合物。此外，提高温度也可提高洗脱剂的解吸性能，因为温度的升高会使吸附剂和吸附物之间的作用力减弱；提高搅拌速度可以使洗脱剂在体系中的分布更均匀，从而提高解吸效率；增加洗脱剂浓度也可提高解吸效率。

2.2　高分子环境吸附材料吸附效果的影响因素

不同种类的高分子环境吸附材料对吸附物的吸附过程受体系 pH、吸附剂用量、吸附物初始浓度、温度等因素的影响。

2.2.1　体系 pH 的影响

体系 pH 会影响吸附物在吸附剂中的状态和离解度等，也会影响吸附剂表面的荷电荷等，进而影响吸附剂的吸附效果。一方面，当 pH 降低时，H^+ 会与阳离子吸附物分子竞争，导致阳离子吸附物的数量减少，从而有利于阴离子吸附物的吸附。另一方面，随着体系 pH 的增加，负电荷的数量会增加，并释放出大量的 OH^-，带负电荷的表面可影响阳离子吸附物，但它不利于阴离子吸附物的吸附。

2.2.2　吸附剂用量的影响

吸附剂的物理化学性质和用量对吸附效果有很大影响。吸附剂的表面积越大，吸附效果越好。吸附剂用量不同，吸附物去除率不同。吸附物去除率随吸附剂用量的增加而增大。当去除率增大到一定限度时，便几乎保持不变，这是因为吸附物的浓度在固液相之间达到了平衡状态。

2.2.3 吸附物初始浓度的影响

吸附物的初始浓度与去除率之间有直接的关系，即吸附物去除率随吸附物浓度的增加而降低，其主要原因是吸附剂的表面积和活性位点以及吸附物初始浓度之间存在平衡现象。

2.2.4 温度的影响

在吸附过程中，多个热力学参数受体系温度的影响，温度会改变吸附剂的吸附量。吸附一般是放热反应，温度升高会使吸附量降低，但是在低温时，有些吸附过程需要较长时间才能达到吸附平衡，而升高一定温度有利于吸附速率加快，使吸附量增加。

2.3 高分子环境吸附材料的吸附理论研究

2.3.1 吸附动力学及模型拟合

在任何吸附材料投入实际使用之前，吸附动力学的研究都是非常重要的。吸附动力学是指在其他参数确定的情况下，通过不同接触时间下吸附量的变化来确定达到最大吸附量（或平衡吸附量）所需要的时间。吸附动力学不仅提供了完成吸附所需的接触时间的信息，而且提供了吸附机理和速率控制步骤的信息。吸附动力学是选择最佳生产条件的重要指标，也是设计吸附剂的重要依据。吸附动力学研究对理解吸附机理和设计吸附装置具有重要的意义[6]。为了准确探索吸附动力学机理，许多动力学模型被用于模拟吸附数据，其中常用的模型有准一级（pseudo first-order，PFO）动力学模型、准二级（pseudo second-order，PSO）动力学模型、颗粒内扩散（intra-particle diffusion，IPD）模型和 Elovich 动力学模型，见表 2-1[7]。

表 2-1 常见的吸附动力学模型

模型名称	表达式	参数含义
PFO 动力学模型	$\ln(q_e - q_t) = \ln q_e - k_1 t$	q_e 为平衡吸附量（mg/g）；q_t 为 t 时刻的吸附量（mg/g）；k_1 为一阶吸附速率常数
PSO 动力学模型	$\dfrac{t}{q_t} = \dfrac{1}{k_2 q_e^2} + \dfrac{t}{q_e}$	q_e 为平衡吸附量（mg/g）；q_t 为 t 时刻的吸附量（mg/g）；k_2 为二阶吸附速率常数

续表

模型名称	表达式	参数含义
IPD 模型	$q_t = k_i t^{1/2} + C$	q_t 为 t 时刻的吸附量（mg/g）；k_i 为颗粒内扩散速率常数；C 为常数
Elovich 动力学模型	$q_t = \dfrac{1}{\beta}\ln(\alpha\beta) + \dfrac{1}{\beta}\ln t$	α 为初始吸附速率常数[mg/(g·min)]；β 为与化学吸附的表面覆盖范围和活化能有关的吸附速率常数（g/mg）；q_t 为 t 时刻的吸附量（mg/g）

PFO 动力学模型由 Lagergren 于 1898 年提出，也是最早基于吸附容量来描述吸附速率的模型[8]。在 PFO 动力学模型中，吸附速率与溶液中吸附物浓度的一次方成正比。PFO 动力学模型的使用前提是外扩散和内扩散是整个吸附过程的限制因素。在实际操作中，由于吸附过程可能太慢，得到的平衡吸附量存在一定误差。因此，PFO 动力学模型往往只适合用于吸附的初始阶段，而不能用于吸附全过程。

PSO 动力学模型是由 Ho 和 McKay 于 1999 年推导出的。PSO 动力学模型的假设条件是吸附速率受化学吸附机理控制，这种化学吸附涉及吸附剂与吸附物之间的电子共用或电子转移。自 PSO 动力学模型被提出，该模型逐渐成为使用得最广泛的动力学模型。与其他动力学模型相比，PSO 动力学模型较简单，更适合于拟合一些体系的吸附动力学数据[9,10]。

IPD 模型是由 Weber 和 Morris 于 1962 年提出的，其假设条件是吸附过程中吸附物在吸附剂内部孔道的扩散过程，也就是内扩散阶段为限制阶段。IPD 模型是一种基于动力学的模型，用来表示各组分在颗粒内扩散的时间依赖性。该模型适用于多孔材料吸附剂对吸附物的吸附过程，而不适用于颗粒状或纤维状的吸附剂对吸附物的吸附过程。吸附剂在某一时刻的吸附量（q_t）与 $t^{1/2}$ 呈线性关系。若 q_t 与 $t^{1/2}$ 的线性关系曲线通过坐标轴的原点，则说明吸附过程中内扩散为唯一的速率控制步骤[11]。

Elovich 动力学模型是基于大量的实验事实，并考虑到吸附剂表面的不均匀性和实验数据的不规则性提出的。Elovich 动力学模型是一种没有明确物理意义的经验型模型，非常适用于反应过程中活化能变化较大的情况[12]。

2.3.2 吸附等温线

当吸附材料与吸附物混合后，吸附物附着在吸附材料表面，形成一个平衡阶段。在这个阶段，被吸附的吸附物和溶液中的吸附物浓度变得恒定。而在给定温度下，反映吸附材料对吸附物的平衡吸附量和达到吸附平衡时溶液中吸附物平衡浓度之间关系的曲线称为吸附等温线（图 2-2）。在恒定的温度和 pH 下，吸附等温线也可以被表述为描述吸附物从溶液到吸附材料表面的滞留（或释放）

现象的曲线。吸附等温线可提供吸附机理、吸附容量、吸附剂表面性质和吸附剂的亲和程度等信息。借助吸附等温线还可得到吸附过程中的吉布斯自由能变化（ΔG）、焓变（ΔH）和熵变（ΔS）等热力学参数，这些参数可以进一步揭示污染物和吸附剂之间的相互作用行为。根据物理化学参数和基础热力学假设可得到吸附等温线模型，如 Langmuir、Freundlich、Langmuir-Freundlich、D-R（Dubinin-Radushkevich）、BET（Brunauer-Emmett-Teller）及 R-P（Redlich-Peterson）等温线模型等，其中常用的吸附等温线模型为 Langmuir 等温线模型和 Freundlich 等温线模型，如表 2-2 所示。吸附可分为单层吸附和多层吸附两种。在单层吸附中，只有直接与吸附剂表面接触的吸附物可被吸附，即吸附物最多只能在吸附剂表面铺满一单分子层。单层吸附的吸附等温线常用 Langmuir 等温线模型进行描述。而在多层吸附中，吸附物可以被直接与吸附剂表面接触的吸附物分子所吸附。多层吸附的吸附等温线可通过 Freundlich 等温线模型进行描述。

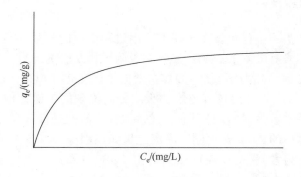

图 2-2　吸附等温线

表 2-2　常见的吸附等温线模型

模型名称	表达式	参数含义
Langmuir 等温线模型	$\dfrac{C_e}{q_e} = \dfrac{C_e}{q_{max}} + \dfrac{1}{q_{max} b}$	q_{max} 为最大吸附量（mg/g）；q_e 为平衡吸附量（mg/g）；b 为吸附平衡常数（L/mg）；C_e 为吸附物的平衡浓度（mg/L）
Freundlich 等温线模型	$\ln q_e = \ln K_F + \dfrac{\ln C_e}{n}$	K_F 为 Freundlich 亲和系数；n 为 Freundlich 常数；C_e 为吸附物的平衡浓度（mg/L）；q_e 为平衡吸附量（mg/g）

Langmuir 等温线模型是最古老，也是文献中研究吸附机理时最常用的模型。Langmuir 等温线模型是 Langmuir 基于大量实验事实，从动力学角度出发提出的单分子层吸附理论，其前提假设条件为：①吸附物只在吸附剂表面发生单分子层吸附；②吸附剂表面的吸附作用为均匀吸附，即吸附剂表面各处吸附能力相同，

吸附热不随覆盖程度改变；③被吸附在吸附剂表面的吸附物分子之间没有相互作用，吸附与解吸的难易程度同周围是否存在被吸附分子无关；④吸附平衡是动态平衡，即达到平衡后吸附和解吸速率相等。换言之，Langmuir 等温线模型对应的吸附剂表面的吸附作用非常均匀，而且吸附限于单分子层吸附时，可以非常好地对实验结果进行拟合[13]。

Freundlich 等温线模型是基于吸附剂在多相表面的吸附建立的经验吸附平衡模式。Freundlich 等温线模型既适用于单层吸附，也适用于多层吸附。此外，Freundlich 模型还可用于宽浓度范围的吸附。K_F 值越大，说明吸附剂的吸附能力越高。n 反映吸附过程进行的难易程度，与吸附剂表面吸附位点的类型、能量分布和物化性质有关，n 值越大，吸附作用越强。当 n 小于 0.5 时，吸附不易进行；当 n 为 1 时，吸附为线性吸附；当 n 为 1~10 时，吸附易进行。

2.3.3 吸附热力学

吸附热力学实验不仅可以用于研究吸附过程进行的程度和驱动力，而且可以用于分析各种因素对吸附的影响。要判定吸附过程是否为自发，有必要考虑吸附过程的热力学参数。热力学参数[如吉布斯自由能变化（ΔG）、焓变（ΔH）和熵变（ΔS）]是评价吸附分离过程与预测吸附分离机理的关键参数，也是表征和优化吸附过程的基本参数。ΔG 是反应自发性的标志，也是反应自发性的重要判据。为了确定吸附过程的 ΔG，必须同时考虑能量和熵因子。如果 ΔG 为负值，则反应是在给定温度下自发发生。ΔG 可以通过式（2-3）计算：

$$\Delta G = -RT\ln K_e \tag{2-3}$$

式中，R 为气体摩尔常数[8.314 J/(K·mol)]；T 为绝对温度；K_e 为根据吸附等温线模型得到的吸附热力学平衡常数。

ΔG 与 ΔS 和 ΔH 之间的关系用范特霍夫方程[式（2-4）]来表述。

$$\Delta G = \Delta H - T\Delta S \tag{2-4}$$

结合方程式（2-3）和式（2-4）可得如下表达式：

$$\ln K_e = \frac{-\Delta H}{RT} + \frac{\Delta S}{R} \tag{2-5}$$

绘制 $\ln K_e$ 与 $1/T$ 的直线,利用该直线的斜率和截距计算吸附过程的 ΔH 和 ΔS。如果 ΔH 为正，则反映吸附过程在本质上是吸热的，也就是说，随着温度的升高，吸附效率也会增加；如果 ΔS 为正，说明在吸附过程中，吸附物在溶液-固体界面的随机性增加；如果 ΔG 为负，说明吸附是自发的或有利的。

2.3.4 理论模拟

为了深入了解吸附物与吸附材料之间的相互作用，采用密度泛函理论（density functional theory，DFT）和分子动力学模拟等来计算作用力和吸附能，以及吸附反应体系的电荷密度等信息。这些信息可以用于设计吸附材料的结构和优化吸附性能。

1. DFT 计算

DFT 计算是用于研究原子、分子和凝聚态结构的一种量子力学建模手段。DFT 计算在物理和化学上都有广泛的应用，它以电子密度分布作为基本变量，研究多粒子体系基态性质，是凝聚态物理和计算化学领域最常用的方法之一，也是在原子水平上解释或补充实验结果时最有用的理论工具之一[14-16]。DFT 计算可以用于估计吸附反应体系的结合能、方向和电荷密度，有助于更好地理解吸附反应的机理。DFT 计算可在 Materials Studio 8.0 的 DMol 3 程序中完成。基函数采用双数值基组加极化函数（double numeric with polarization，DNP）。对于能量泛函的交换关联项，在 DMol 3 程序中采用广义梯度近似（generalized gradient approximation，GGA）修正的 PW91 泛函进行几何优化。同时，对优化结构进行相应项的单点能计算，并使用式（2-6）计算两者的相互作用能。

$$-\Delta E = -\left[E_{A+B} - (E_A + E_B) \right] \quad (2-6)$$

式中，A 为吸附材料，B 为吸附物分子，ΔE 为 A、B 间的相互作用能，E_{A+B} 为 A 和 B 形成的复合物的能量；E_A、E_B 分别为 A、B 独立存在时的能量。

2. 分子动力学模拟

分子动力学模拟是一种确定性模拟方法，其基本思想是通过求解牛顿运动方程来描述粒子运动。在给定的势场下，若已知系统中粒子初始位置和速度，则可以计算出每个粒子的受力和加速度，再通过求解牛顿运动方程，就可以确定粒子运动轨迹，最终获得每个粒子的位置、速度和加速度随时间的变化[17,18]。分子动力学模拟可以提供吸附过程中吸附物的势能，还可以预测一些宏观现象，如吸附等温线和吸附热。分子动力学模拟中常以径向分布函数（radial distribution function，RDF）来描述粒子周围环境的分布特性[19]。RDF 被认为是固体填料结构研究中研究交联链间距离及其非共价作用时非常有用的函数[20]。因此，可采用分子动力学模拟方法验证吸附材料与吸附物之间的非共价作用。分子动力学模拟可从理论上分析吸附材料捕获吸附物的可行性及吸附材料的再生性。而分子动力学模型是在 Materials Studio 8.0 的 Amorphous Cell 模块上完成的，所得径向分布函数由 $g_{AB}(r)$

给出，并通过将每对给定原子的静态关系进行平均来计算，如式（2-7）所示。

$$g_{AB}(r) = \frac{<n_{AB}(r)>}{4\pi r^2 \Delta\rho_{AB}} \qquad (2-7)$$

式中，A 为吸附材料中的官能团；B 为吸附物分子；$\Delta\rho_{AB}$ 为吸附物分子的平均密度随离吸附材料官能团距离的变化率；r 为距离；$<n_{AB}(r)>$ 为 $r+\Delta r$ 之间原子对的平均数。

2.3.5 吸附机理

为了了解吸附物在吸附材料上的吸附过程，吸附机理的研究必不可少。吸附过程通常受多种因素控制，包括吸附物和吸附材料中官能团的性质、吸附材料表面的性能、吸附物在吸附材料中的扩散行为和吸附物与吸附材料之间的相互作用方式等。吸附材料表面的特性及其与吸附物结构的相容性可导致一个高效的吸附过程。事实上，根据吸附材料与吸附物相互作用的性质，可知吸附物的吸附是通过物理吸附、化学吸附或两者兼有进行的。在大多数情况下，高分子环境吸附材料吸附环境污染物时的吸附作用主要包括氢键、π-π 相互作用、金属配位相互作用、静电相互作用和疏水相互作用等[5]（图 2-3）。对于特定的吸附过程，有时可能会发生多种相互作用。这些吸附过程在很大程度上依赖于吸附材料表面的接枝官能团。

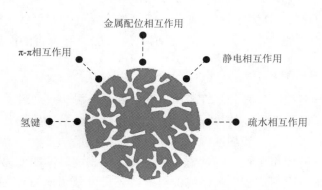

图 2-3　吸附物与吸附材料之间相互作用的示意图

氢键是一种专一性较强的分子间相互作用，具有方向性和饱和性。氢键吸附理论最早是在聚酰胺层析研究中被提出来的。基于氢键设计的高分子环境吸附材料大致分为三类：含有氢键受体的吸附材料、含有氢键供体的吸附材料和既含有氢键受体又含有氢键供体的吸附材料。乙烯基吡啶、羧酸酯、丙烯腈等的官能团可以嫁接到吸附材料上作为氢键受体。聚丙烯酸等高分子环境吸附材料因其功能基能提供酸性氢原子而可以作为氢键供体吸附材料。含有酰胺基团的吸附材料是一类同时具有氢键供体和受体的吸附材料。π-π相互作用是指芳香环与芳香环或芳香环与大π键之间的一种相互作用，具有面对面、点对面和T型三种类型[21]。大多数有机污染物含有芳香环，当吸附材料表面也含有芳香环或大π键时，芳香环分子就会与其产生相互作用力，从而发生吸附。金属配位相互作用是指含有特殊功能基团的高分子环境吸附材料与重金属离子等污染物之间的相互作用。根据软硬酸碱理论，属于软碱的含硫基团可以与 Ag^+、Hg^{2+}、Pd^{2+} 等离子形成稳定配合物。因此，以硫原子为配位原子的高分子环境吸附材料主要用于吸附上述金属离子。硫在高分子环境吸附材料中主要以巯基、硫脲、亚砜和亚硫酸酯等形式存在。同理，含有胺、肟、酰肼、氮杂环等官能团的高分子环境吸附材料因具有氮原子而可以通过金属配位的方式吸附 Cu^{2+}、Ni^{2+}、Cd^{2+} 等金属离子。静电相互作用是吸附材料捕获吸附物过程中最常见的相互作用方式。带电的吸附材料很容易和带相反电荷的吸附物发生静电相互作用。吸附材料的表面可通过表面功能等方式带上正电荷或负电荷。疏水相互作用则是非极性分子之间的一种弱非共价相互作用。当吸附材料表面具有疏水性时，溶液中的疏水分子会与其发生疏水相互作用，从而进行吸附。

参 考 文 献

[1] Wang J L, Chen C. Biosorbents for heavy metals removal and their future. Biotechnology Advances, 2009, 27（2）：195-226.

[2] Largitte L, Pasquier R. A review of the kinetics adsorption models and their application to the adsorption of lead by an activated carbon. Chemical Engineering Research and Design, 2016, 109：495-504.

[3] Wang J L, Guo X. Adsorption kinetic models: physical meanings, applications, and solving methods. Journal of Hazardous Materials, 2020, 390：122156.

[4] Ettre L S, Sakodynskii K I. M. S. Tswett and the discovery of chromatography I: early work（1899—1903）. Chromatographia, 1993, 35（3）：223-231.

[5] Waheed A, Baig N, Ullah N, et al. Removal of hazardous dyes, toxic metal ions and organic pollutants from wastewater by using porous hyper-cross-linked polymeric materials: a review of recent advances. Journal of Environmental Management, 2021, 287：112360.

[6] Haerifar M, Azizian S. Fractal-like adsorption kinetics at the solid/solution interface. The Journal of Physical Chemistry C, 2012, 116（24）：13111-13119.

[7] Qiu H, Lv L, Pan B C, et al. Critical review in adsorption kinetic models. Journal of Zhejiang University-SCIENCE A, 2009, 10（5）：716-724.

[8] Simonin J P. On the comparison of pseudo-first order and pseudo-second order rate laws in the modeling of adsorption kinetics. Chemical Engineering Journal, 2016, 300：254-263.

[9] Douven S, Paez C A, Gommes C J. The range of validity of sorption kinetic models. Journal of Colloid and Interface

Science, 2015, 448: 437-450.

[10] Ho Y S. Review of second-order models for adsorption systems. Journal of Hazardous Materials, 2006, 136 (3): 681-689.

[11] Singh S K, Townsend T G, Mazyck D, et al. Equilibrium and intra-particle diffusion of stabilized landfill leachate onto micro-and meso-porous activated carbon. Water Research, 2012, 46 (2): 491-499.

[12] Hao Y M, Man C, Hu Z B. Effective removal of Cu (II) ions from aqueous solution by amino-functionalized magnetic nanoparticles. Journal of Hazardous Materials, 2010, 184 (1): 392-399.

[13] Annadurai G, Ling L Y, Lee J F. Adsorption of reactive dye from an aqueous solution by chitosan: isotherm, kinetic and thermodynamic analysis. Journal of Hazardous Materials, 2008, 152 (1): 337-346.

[14] Wang W J, Zhu C Y, Cao Y Y. DFT study on pathways of steam reforming of ethanol under cold plasma conditions for hydrogen generation. International Journal of Hydrogen Energy, 2010, 35 (5): 1951-1956.

[15] Chermette H. Density functional theory: a powerful tool for theoretical studies in coordination chemistry. Coordination Chemistry Reviews, 1998, 178-180: 699-721.

[16] Kryachko E S, Ludeña E V. Density functional theory: foundations reviewed. Physics Reports, 2014, 544 (2): 123-239.

[17] Hospital A, Goñi J R, Orozco M, et al. Molecular dynamics simulations: advances and applications. Advances and Applications in Bioinformatics and Chemistry, 2015, 8: 37-47.

[18] Yao H, Dai Q L, You Z P. Molecular dynamics simulation of physicochemical properties of the asphalt model. Fuel, 2016, 164: 83-93.

[19] Pan F S, Peng F B, Jiang Z Y. Diffusion behavior of benzene/cyclohexane molecules in poly (vinyl alcohol) -graphite hybrid membranes by molecular dynamics simulation. Chemical Engineering Science, 2007, 62 (3): 703-710.

[20] Wang Y, Zhang L, Yang L, et al. An indole-based smart aerogel for simultaneous visual detection and removal of trinitrotoluene in water via synergistic effect of dipole-π and donor-acceptor interactions. Chemical Engineering Journal, 2020, 384: 123358.

[21] Janiak C. A critical account on π-π stacking in metal complexes with aromatic nitrogen-containing ligands. Journal of the Chemical Society, Dalton Transactions, 2000 (21): 3885-3896.

第 3 章 吲哚基多孔材料在重金属离子吸附中的应用

重金属离子,如 Hg^{2+}、Pb^{2+}、Cu^{2+}、Cr^{2+}等,由于在水生系统中具有溶解度高、毒性高、难降解及在生物体内易积累等特点,对生态环境和公众健康造成了极大的危害。近年来,吸附法、化学沉淀法、离子交换法、膜分离法和电化学法等被用于处理水体重金属离子的污染。其中,吸附法由于具有操作简单、原料来源广、循环使用性能优良和吸附效率高等优点而受到广泛关注。目前,活性炭、共轭微孔聚合物、碳纳米管、氧化石墨烯、生物质基多孔材料和碳气凝胶等多种材料已被用于重金属离子的吸附。研究表明,在多孔材料中合理地引入—OH、—SH、—COOH、—NH_2、—SO_3H 等官能团可有效提高材料对重金属离子的吸附能力、吸附效率和选择性,其原因在于重金属离子与功能基团之间可形成络合作用[1-3]。但社会和工业的发展对重金属离子吸附效果和吸附效率的要求进一步提高,为此,亟需开发新的吸附技术,这也是一个巨大的挑战。阳离子-π 相互作用是一种广泛存在于阳离子和芳香性体系之间的相互作用,与氢键、静电相互作用和疏水相互作用相比,被认为是一种新型分子间作用[4-6]。本章主要介绍两种新型吲哚基气凝胶对重金属离子的吸附性能及吸附机理,以为解决日益严峻的水污染问题提供新思路。

3.1 4-羟基吲哚-甲醛气凝胶对重金属离子的吸附研究

3.1.1 4-羟基吲哚-甲醛气凝胶的制备与表征

1. 4-羟基吲哚-甲醛气凝胶的制备

如图 3-1 所示,将原料 4-羟基吲哚和甲醛以 1∶2 的物质的量之比溶于乙腈中,并加入催化剂盐酸,经溶胶-凝胶过程后,得到 4-羟基吲哚-甲醛(4-HIFA)湿凝胶,再经 CO_2 超临界干燥后,得到 4-HIFA 气凝胶[7]。

2. 4-HIFA 的表征

利用傅里叶变换红外光谱仪(Fourier transform infrared spectrometer,FTIR)对 4-HIFA 结构进行表征。图 3-2 为 4-HIFA 的 FTIR 谱图。2927 cm^{-1} 和 1458 cm^{-1} 处的

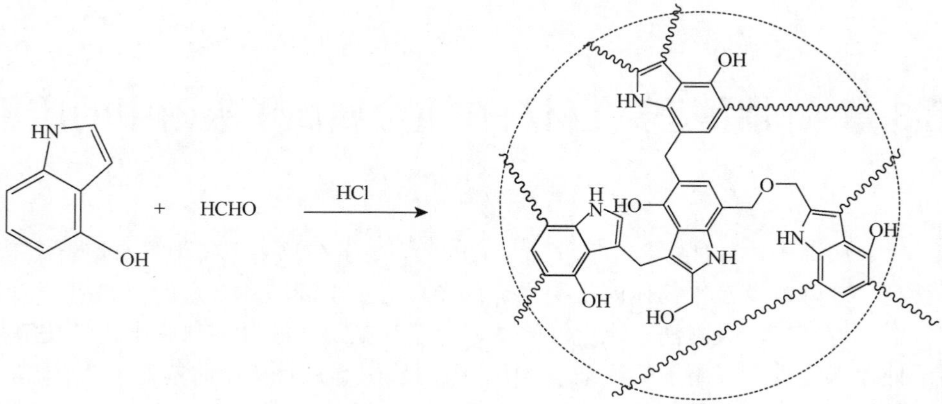

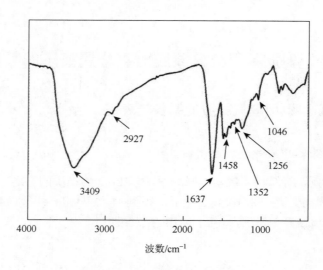

图 3-1 4-HIFA 的合成路线

峰对应于亚甲基的伸缩和弯曲振动，3409 cm^{-1} 处的宽峰对应于—NH—和—OH 的伸缩振动，1352 cm^{-1} 处的峰来源于 O—H 的弯曲振动，1637 cm^{-1} 处的峰来源于芳香环的伸缩振动。图 3-3 为 4-HIFA 的碳核磁共振谱（^{13}C nuclear magnetic resonance spectroscopy，^{13}C NMR）图。化学位移为 147 ppm（1 ppm = 10^{-6}）的峰为酚碳的特征峰，化学位移为 155～98 ppm 的峰为吲哚环中碳的特征峰，化学位移为 68 ppm 的峰为少量 CH$_2$—O—CH$_2$ 的特征峰，化学位移大约在 25 ppm 处有特征峰，归属于不同类型的亚甲基桥碳的特征峰。利用扫描电子显微镜（scanning electron microscope，SEM）

图 3-2 4-HIFA 的 FTIR 谱图

对 4-HIFA 样品的表面形貌进行表征，结果如图 3-4 所示。所制备的 4-HIFA 呈现多孔网状结构，包括介孔和大孔，有利于重金属离子溶液快速扩散或渗透到材料内部，进而有利于 4-HIFA 对重金属离子达到快速吸附的效果。图 3-5 为 4-HIFA 在 77 K 下的 N_2 吸脱附等温线，归为 IV 型等温线。当相对压力为 0.70～0.95 时，4-HIFA 的 N_2 吸脱附等温线存在滞后环，表明样品中存在介孔和大孔。此外，4-HIFA 的比表面积为 130 m^2/g，平均孔径约为 46 nm。基于上述结果，4-HIFA 气凝胶被成功制备且具有良好的多孔结构。

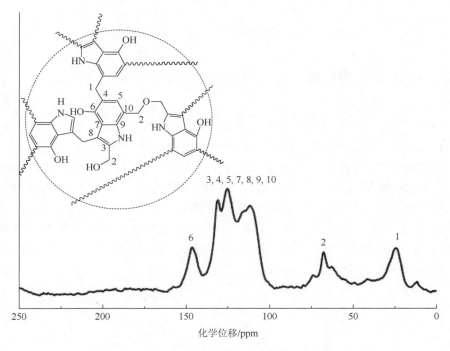

图 3-3　4-HIFA 的 ^{13}C NMR 谱图

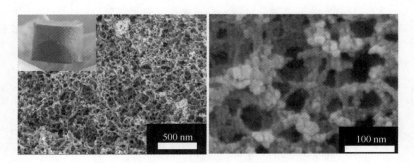

图 3-4　4-HIFA 的 SEM 图

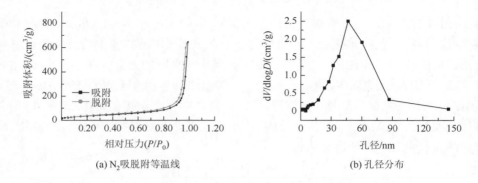

(a) N_2吸脱附等温线　　(b) 孔径分布

图 3-5　4-HIFA 的 N_2 吸脱附等温线及孔径分布图

3.1.2　4-HIFA 气凝胶对重金属离子的吸附性能研究

1. 影响重金属离子吸附性能的因素

1) 4-HIFA 的含量对重金属离子吸附性能的影响

4-HIFA 的含量是影响吸附过程最重要的参数之一。如图 3-6 所示,随着 4-HIFA 的含量增加,Ni^{2+}、Cu^{2+}、Cr^{3+} 和 Zn^{2+} 的去除率逐渐增大。由于 4-HIFA 含量的增加会导致吸附剂总表面积和吸附位点数量的增加,由此相应地增加了它们与溶液中重金属离子接触的机会,从而使材料具有较高的吸附能力。但进一步增加 4-HIFA 的含量,Ni^{2+}、Cu^{2+}、Cr^{3+} 和 Zn^{2+} 的去除率几乎不变。

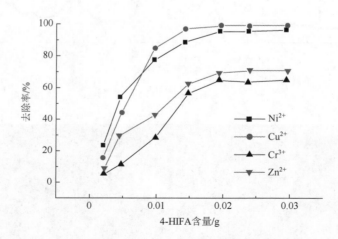

图 3-6　4-HIFA 的含量对重金属离子吸附性能的影响

2）溶液 pH 对重金属离子吸附性能的影响

溶液的 pH 是影响吸附过程的另一重要参数。由图 3-7 可知，在 pH = 2~6 时，Ni^{2+}、Cu^{2+}、Cr^{3+} 和 Zn^{2+} 的去除率随 pH 增大而增大，其原因是在较低的 pH 下，H^+ 会和重金属离子竞争位点，从而导致 4-HIFA 对重金属离子的吸附能力下降。随着 pH 的增大，H^+ 与重金属离子之间的竞争可忽略，4-HIFA 对重金属离子的吸附能力上升。此外，随着 pH 的增大，4-HIFA 气凝胶表面的负电性也逐渐增大，对重金属离子的络合能力逐渐增强，因此吸附量逐渐增大。pH 大于 6 后，重金属离子会发生水解，形成 MOH^+ 和 $M(OH)_2$（M 为 Ni^{2+}、Cu^{2+}、Cr^{3+} 或 Zn^{2+}）。因此，pH = 6 最适宜。

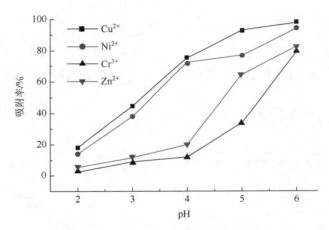

图 3-7 pH 对重金属离子吸附性能的影响

3）吸附时间对重金属离子吸附性能的影响

由图 3-8(a) 和图 3-8(b) 可知，Ni^{2+}、Cu^{2+}、Cr^{3+} 和 Zn^{2+} 的浓度随着时间的增加不断降低，即 Ni^{2+}、Cu^{2+}、Cr^{3+} 和 Zn^{2+} 的去除率随时间的增加不断增大。在 0~5 min 范围内吸附量和去除率迅速增大，重金属离子的浓度迅速降低；5 min 后吸附量和去除率缓慢增大，重金属离子的浓度缓慢降低。由此可见，4-HIFA 气凝胶对重金属离子的吸附在 5 min 之内达到动态平衡，优于大多数多孔材料[8]。4-HIFA 骨架中吲哚基团和重金属离子之间的阳离子-π 相互作用与羟基和重金属离子之间的络合作用相互协同地提高了 4-HIFA 对重金属离子的吸附性能。在吸附前期，4-HIFA 上的吸附活性位点较多，且溶液中 Ni^{2+}、Cu^{2+}、Cr^{3+} 和 Zn^{2+} 的浓度较高，Ni^{2+}、Cu^{2+}、Cr^{3+} 和 Zn^{2+} 容易扩散到 4-HIFA 的吸附活性位点上，使得吸附速率较大，从而提高了吸附量。随着时间的推移，溶液中 Ni^{2+}、Cu^{2+}、Cr^{3+} 和 Zn^{2+} 的浓度逐渐减小，吸附剂上的活性位点逐渐被重金属离子占据，导致吸附速率减小，直至几乎不吸附，达到吸附平衡。

4-HIFA 气凝胶对 Ni^{2+}、Cu^{2+}、Cr^{3+} 和 Zn^{2+} 的吸附量随时间变化,且满足 PSO 动力学模型[图 3-8(c) 和图 3-8(d)],拟合参数见表 3-1。PSO 动力学方程得到的拟合相关系数非常高($R^2=1$),且拟合计算的最大吸附量与实验结果相当,说明 PSO 动力学方程可以用于描述 Ni^{2+}、Cu^{2+}、Cr^{3+} 和 Zn^{2+} 在 4-HIFA 气凝胶上的吸附行为,吸附过程主要受化学作用控制。

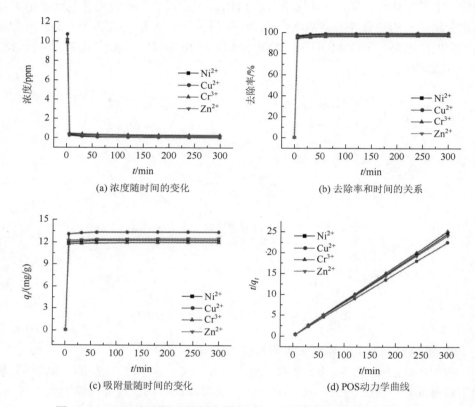

图 3-8　4-HIFA 气凝胶去除重金属离子的动力学曲线(彩图见附图 1)

表 3-1　4-HIFA 气凝胶对 Ni^{2+}、Cu^{2+}、Cr^{3+} 和 Zn^{2+} 吸附的 PSO 动力学拟合参数

离子类型	$q_{e,exp}$/(mg/g)	k_2	$q_{e,cal}$/(mg/g)	R^2
Ni^{2+}	12.24	0.270	12.24	1
Cu^{2+}	13.33	0.290	13.34	1
Cr^{3+}	11.96	0.200	11.96	1
Zn^{2+}	12.45	0.187	12.45	1

注:$q_{e,exp}$ 表示实验吸附量;$q_{e,cal}$ 表示理论吸附量。

2. 等温吸附

如图 3-9(a) 所示,随着 Ni^{2+}、Cu^{2+}、Cr^{3+} 和 Zn^{2+} 浓度的不断增加,4-HIFA 气凝胶对 Ni^{2+}、Cu^{2+}、Cr^{3+} 和 Zn^{2+} 的平衡吸附量表现出不同程度的增加。当 Ni^{2+}、Cu^{2+}、Cr^{3+} 和 Zn^{2+} 的浓度比较低时,平衡吸附量增加速率非常快;当 Ni^{2+}、Cu^{2+}、Cr^{3+} 和 Zn^{2+} 的浓度增大到一定程度后,平衡吸附量的增加速率变得缓慢甚至不再增加,曲线逐渐趋于直线,说明吸附接近饱和,即当 Ni^{2+}、Cu^{2+}、Cr^{3+} 和 Zn^{2+} 初始浓度比较低时,4-HIFA 表面含有大量的吸附活性位点,随着 Ni^{2+}、Cu^{2+}、Cr^{3+} 和 Zn^{2+} 初始浓度的不断增加,4-HIFA 表面的吸附活性位点逐渐被占据并趋于饱和,吸附过程逐渐趋于平衡,4-HIFA 气凝胶对 Ni^{2+}、Cu^{2+}、Cr^{3+} 和 Zn^{2+} 平衡吸附量的增加趋于平缓。

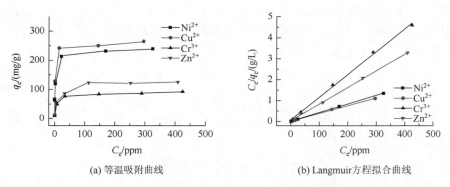

(a) 等温吸附曲线　　　　(b) Langmuir方程拟合曲线

图 3-9　4-HIFA 气凝胶对 Ni^{2+}、Cu^{2+}、Cr^{3+} 和 Zn^{2+} 的等温吸附曲线和 Langmuir 方程拟合曲线

如图 3-9(b) 所示,采用 Langmuir 方程对吸附实验数据进行拟合,拟合数据见表 3-2。根据拟合相关系数 R^2($R^2>0.9900$)可知,Langmuir 等温线模型能够很好地描述 4-HIFA 气凝胶对 Ni^{2+}、Cu^{2+}、Cr^{3+} 和 Zn^{2+} 的吸附行为,说明吸附属单层吸附。由表 3-2 可知,4-HIFA 气凝胶对 Ni^{2+}、Cu^{2+}、Cr^{3+} 和 Zn^{2+} 的饱和吸附量分别为 240.4 mg/g、264.6 mg/g、92.2 mg/g 和 126.6 mg/g,这归因于 4-HIFA 骨架中吲哚基团和重金属离子之间的阳离子-π 相互作用与羟基和重金属离子之间的络合作用相互协同。

表 3-2　4-HIFA 气凝胶对 Ni^{2+}、Cu^{2+}、Cr^{3+} 和 Zn^{2+} 的 Langmuir 等温模型吸附参数

离子类型	q_{max}/(mg/g)	b/(L/mg)	R^2
Ni^{2+}	240.4	0.4468	0.9997
Cu^{2+}	264.6	0.5324	0.9993

离子类型	q_{max}/(mg/g)	b/(L/mg)	R^2
Cr^{3+}	92.2	0.1401	0.9981
Zn^{2+}	126.6	0.1384	0.9987

3. 吸附循环

图 3-10 展示了 4-HIFA 气凝胶对 Ni^{2+}、Cu^{2+}、Cr^{3+} 和 Zn^{2+} 的吸附循环，经过 1 次循环再利用后，Ni^{2+}、Cu^{2+}、Cr^{3+} 和 Zn^{2+} 4 种金属离子的吸附量比循环之前低，可能是由于金属离子在被吸附后，占据了一部分吸附位点，没有完全脱附。经过 4 次循环再利用后，4-HIFA 气凝胶对 Ni^{2+}、Cu^{2+}、Cr^{3+} 和 Zn^{2+} 的吸附量分别为 90 mg/g、103 mg/g、40 mg/g 和 55 mg/g，分别为初始样品的 74.6%、80.2%、51.6% 和 63.7%。Ni^{2+} 和 Cu^{2+} 的循环吸附性能优于 Cr^{3+} 和 Zn^{2+}。4-HIFA 气凝胶对金属离子具有良好的循环吸附性，可用于吸附实际样品中的金属离子，表明 4-HIFA 气凝胶有望用于水净化方面。

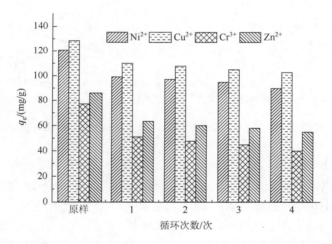

图 3-10　4-HIFA 气凝胶对 Ni^{2+}、Cu^{2+}、Cr^{3+} 和 Zn^{2+} 的吸附循环

4. 吸附机理

通过紫外-可见（UV-vis）吸收光谱和分子动力学模拟计算，对 Cu^{2+} 的去除机理进行探讨，并对 Cu^{2+} 的优异去除效果和效率进行合理的解释。图 3-11 展示了在不存在和存在等物质的量的 Cu^{2+} 的情况下 4-羟基吲哚（4-HI）的吸收光谱，以及 4-HI-Cu^{2+} 的 UV-vis 光谱与 4-HI 的 UV-vis 光谱的差谱。(4-HI-Cu^{2+})–(4-HI)差谱显示 217 nm 处有负谱带、230 nm 处有正谱带，这归因于 4-HI 和 Cu^{2+} 之间的相互作

用。带正电的咪唑环和附近的吲哚环之间的阳离子-π 相互作用也被报道产生了类似的正负谱带[9]，说明 4-HI-Cu^{2+} 中 4-HI 和 Cu^{2+} 之间的相互作用也属于阳离子-π 相互作用。图 3-12（a）为 Cu^{2+} 和吲哚面之间的径向分布函数（radial distribution function，RDF）。当 Cu^{2+} 与吲哚环的距离为 3.10 Å 左右时，$g(r)$ 有最大值（8.40），表明 Cu^{2+} 可以通过强的阳离子-π 相互作用有效聚集在 4-HIFA 周围。图 3-12（b）为 Cu^{2+} 与 4-HIFA 上羟基之间的 RDF，当距离约为 2.86 Å 时，$g(r)$ 有最大值（8.73），表明 Cu^{2+} 与 4-HIFA 的羟基在 2.86 Å 处存在稳定的络合作用。图 3-13（彩图见附图 2）为 4-HIFA 气凝胶对 Cu^{2+} 的吸附机理图，4-HIFA 骨架中吲哚基团和 Cu^{2+} 之间的阳离子-π 相互作用与羟基和重金属离子之间的络合作用相互协同有利于 4-HIFA 对 Cu^{2+} 的吸附。

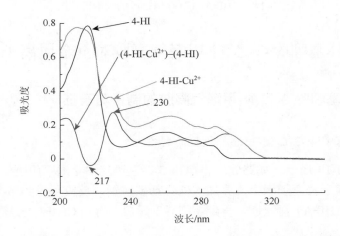

图 3-11　4-HI 和 4-HI 络合等物质的量的 Cu^{2+} 后的 UV-vis 光谱及差谱

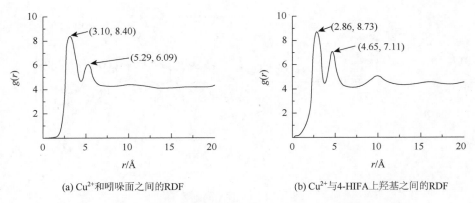

(a) Cu^{2+} 和吲哚面之间的RDF　　　(b) Cu^{2+} 与4-HIFA上羟基之间的RDF

图 3-12　Cu^{2+} 和吲哚面之间的 RDF 和 Cu^{2+} 与 4-HIFA 上羟基之间的 RDF

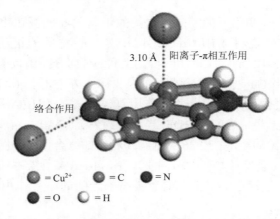

图 3-13　4-HIFA 气凝胶对 Cu^{2+} 的吸附机理图

3.2　5-羟基吲哚-3-乙酸-甲醛气凝胶对重金属离子的吸附

3.2.1　5-羟基吲哚-3-乙酸-甲醛气凝胶的制备与表征

1. 5-羟基吲哚-3-乙酸-甲醛气凝胶的制备

按照图 3-14 所示合成路线，将原料 5-羟基吲哚-3-乙酸和甲醛以 1∶2 的物质的量之比溶于去离子水中，并加入催化剂碳酸钠，反应后得到 5-羟基吲哚-3-乙酸-甲醛（CHIFA）湿凝胶，再经超临界干燥后，得到 CHIFA 气凝胶[10]。

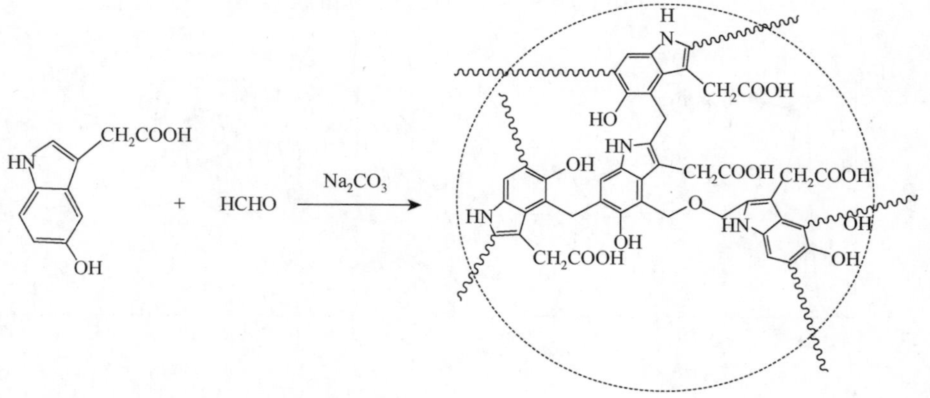

图 3-14　CHIFA 的制备

2. CHIFA 的表征

图 3-15 为 CHIFA 的 FTIR 谱图，2924 cm^{-1} 和 1440 cm^{-1} 处的峰分别与亚甲基伸缩和弯曲振动有关，3414 cm^{-1} 处的宽峰为—NH—和—OH 的伸缩振动峰，1356 cm^{-1} 处的峰来源于 O—H 的弯曲振动，1715 cm^{-1} 处的峰来源于 $>$C=O 的伸缩振动，而 1213 cm^{-1} 和 1042 cm^{-1} 处的峰来源于亚甲基醚键 C—O—C 的伸缩振动，上述结果表明所制备的 CHIFA 为目标物。

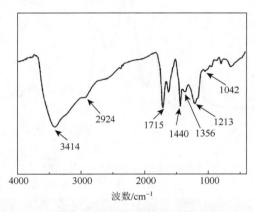

图 3-15 CHIFA 的 FTIR 谱图

图 3-16 为 CHIFA 的 ^{13}C NMR 谱图。175 ppm 处的峰归属于羧基碳，147 ppm 处的峰归属于酚碳，132～109 ppm 处的宽峰归属于吲哚环上的碳，68 ppm 处较小的峰归属于少量 CH_2—O—CH_2 的特征峰，31 ppm 处的峰归属于不同类型的亚甲基桥碳，进一步验证 CHIFA 气凝胶被成功制备。

利用 SEM 对 CHIFA 样品的表面形貌进行表征。如图 3-17 所示，所制备的 CHIFA 具有类似于 4-HIFA 的多孔结构，并且它是开放孔组成的多孔网状结构，这种多孔结构有利于重金属离子溶液快速扩散或渗透到 CHIFA 吸附剂内部，进而有利于 CHIFA 对重金属离子的吸附，提升吸附效果。

图 3-18(a) 为 CHIFA 在 77 K 下的 N_2 吸脱附等温线，根据 IUPAC（International Union of Pure and Applied Chemistry，国际纯粹与应用化学联合会）分类标准可将其归类为 IV 型等温线。当相对压力为 0.70～0.95 时，CHIFA 的 N_2 吸脱附等温线存在滞后环；当相对压力大于 0.9 时，CHIFA 的 N_2 吸附量很高，表明 CHIFA 的结构中存在介孔和大孔。用 BET 模型计算 CHIFA 的比表面积，计算结果表明 CHIFA 的比表面积可达到 143 m^2/g。根据 N_2 吸附数据，通过非局部密度泛函理论（non-local density functional theory，NLDFT）计算孔径分布，由图 3-18(b) 可知，平均孔径为 43 nm，上述结果表明 CHIFA 样品具有良好的多孔结构。

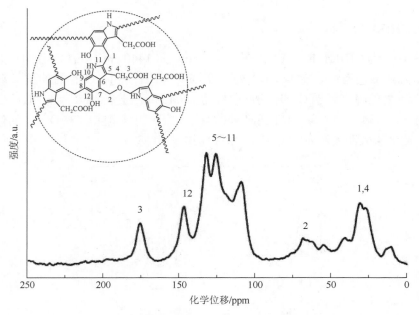

图 3-16　CHIFA 的 ^{13}C NMR 谱图

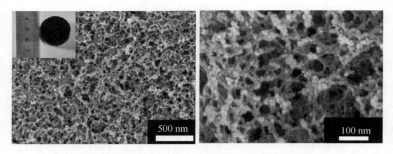

图 3-17　CHIFA 照片（插图）及在不同倍数条件下的 SEM 图

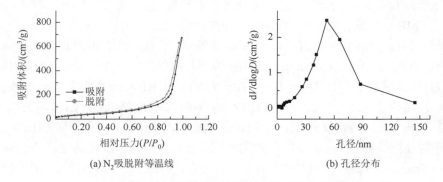

(a) N_2 吸脱附等温线　　(b) 孔径分布

图 3-18　CHIFA 的 N_2 吸脱附等温线及孔径分布图

3.2.2 CHIFA 对重金属离子的吸附性能研究

1. 影响重金属离子吸附性能的因素

1) pH 对重金属离子吸附性能的影响

溶液的 pH 是描述吸附过程最重要的参数之一。由图 3-19 可知,当 pH = 2~6 时,Ni^{2+}、Cu^{2+}、Cr^{3+} 和 Zn^{2+} 的去除率随 pH 增大而增大,因为在较低的 pH 下,浓度相对较高的 H^+ 会和重金属离子产生激烈的吸附竞争,从而导致 CHIFA 对重金属离子的吸附能力下降。随着 pH 的增大,H^+ 与其他阳离子之间的竞争可以被忽略,CHIFA 对重金属离子的吸附能力上升。此外,随着 pH 的增大,CHIFA 气凝胶表面的负电性也逐渐增大,对重金属离子的络合能力逐渐增强,因此吸附量逐渐增大。但在 pH 大于 6 后,重金属离子会发生水解,形成 MOH^+ 和 $M(OH)_2$(M 为 Ni^{2+}、Cu^{2+}、Cr^{3+} 或 Zn^{2+}),这时重金属离子浓度下降已经不是单纯的吸附作用造成的,且重金属离子的沉淀也会使重金属离子和 CHIFA 气凝胶的回收再利用变得困难。

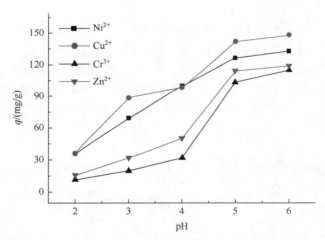

图 3-19　pH 对 CHIFA 吸附 Ni^{2+}、Cu^{2+}、Cr^{3+} 和 Zn^{2+} 的影响

2) 吸附时间对 CHIFA 吸附性能的影响

由图 3-20(a)可知,随着 CHIFA 气凝胶与重金属离子的接触时间增加,CHIFA 对 Ni^{2+}、Cu^{2+}、Cr^{3+} 和 Zn^{2+} 的吸附量不断增加,其中,在 0~2 min 范围内吸附量增加迅速,2 min 后吸附量增加缓慢,曲线趋于直线,即在 2 min 之内达到吸附平衡,这归因于 CHIFA 骨架中吲哚基团和重金属离子之间的阳离子-π 相互作用与羧基、羟基和重金属离子之间的络合作用相互协同。具体而言,在吸附前期,CHIFA

上的吸附活性位点很多，且溶液中的 Ni^{2+}、Cu^{2+}、Cr^{3+} 和 Zn^{2+} 浓度比较高，Ni^{2+}、Cu^{2+}、Cr^{3+} 和 Zn^{2+} 容易扩散到 CHIFA 表面的吸附活性位点上，因此吸附速率比较大，吸附量上升迅速；随着时间的推移，溶液中 Ni^{2+}、Cu^{2+}、Cr^{3+} 和 Zn^{2+} 的浓度逐渐减小，吸附剂上的活性位点逐渐被重金属离子占据，导致吸附速率减小，直至几乎不吸附，达到平衡。

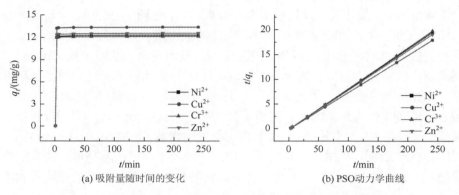

图 3-20　CHIFA 去除 Ni^{2+}、Cu^{2+}、Cr^{3+} 和 Zn^{2+} 的动力学曲线（彩图见附图 3）

Ni^{2+}、Cu^{2+}、Cr^{3+} 和 Zn^{2+} 在 CHIFA 气凝胶上的吸附量随时间的推移而变化，其 PSO 动力学曲线见图 3-20(b)，拟合计算得到的参数数据见表 3-3。从表 3-3 中可以看出，PSO 动力学方程拟合得到的相关系数非常高（$R^2=1$），并且拟合计算得到的最大吸附量与实验结果几乎没有差别，说明 PSO 动力学方程可以非常好地描述 Ni^{2+}、Cu^{2+}、Cr^{3+} 和 Zn^{2+} 在 CHIFA 气凝胶上的吸附行为，且吸附过程主要受化学作用所控制。

表 3-3　CHIFA 气凝胶对 Ni^{2+}、Cu^{2+}、Cr^{3+} 和 Zn^{2+} 吸附的 PSO 动力学拟合参数

离子类型	$q_{e,\exp}$/(mg/g)	k_2	$q_{e,\text{cal}}$/(mg/g)	R^2
Ni^{2+}	12.28	0.696	12.28	1
Cu^{2+}	13.33	1.736	13.33	1
Cr^{3+}	12.11	1.015	12.11	1
Zn^{2+}	12.54	0.533	12.53	1

2. 等温吸附

由图 3-21(a) 可知，随着 Ni^{2+}、Cu^{2+}、Cr^{3+} 和 Zn^{2+} 浓度的不断增加，CHIFA 气凝胶对 Ni^{2+}、Cu^{2+}、Cr^{3+} 和 Zn^{2+} 的平衡吸附量表现出不同程度的增加。当 Ni^{2+}、Cu^{2+}、Cr^{3+} 和 Zn^{2+} 的浓度比较低时，平衡吸附量增加速率非常快；当 Ni^{2+}、Cu^{2+}、Cr^{3+} 和 Zn^{2+} 的浓度增大到一定程度后，平衡吸附量的增加速率减缓甚至不再增加，曲线逐

渐趋于直线，说明吸附接近饱和。当 Ni^{2+}、Cu^{2+}、Cr^{3+} 和 Zn^{2+} 初始浓度比较低时，CHIFA 表面含有大量的吸附活性位点，而随着 Ni^{2+}、Cu^{2+}、Cr^{3+} 和 Zn^{2+} 初始浓度的不断增加，CHIFA 表面的吸附活性位点逐渐被占据并趋于饱和，吸附过程逐渐趋于平衡，CHIFA 气凝胶对 Ni^{2+}、Cu^{2+}、Cr^{3+} 和 Zn^{2+} 的平衡吸附量的增加逐渐平缓。

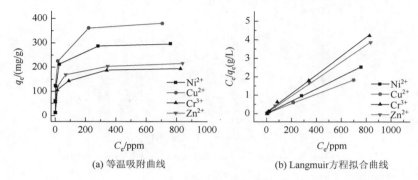

(a) 等温吸附曲线　　(b) Langmuir方程拟合曲线

图 3-21　CHIFA 对 Ni^{2+}、Cu^{2+}、Cr^{3+} 和 Zn^{2+} 的等温吸附曲线和 Langmuir 方程拟合曲线

如图 3-21(b) 所示，采用 Langmuir 方程对吸附实验数据进行拟合，拟合数据见表 3-4。根据拟合相关系数 R^2（$R^2>0.9900$）可知，Langmuir 等温线模型能够很好地描述 CHIFA 气凝胶对 Ni^{2+}、Cu^{2+}、Cr^{3+} 和 Zn^{2+} 的吸附行为，且吸附属单层吸附。由 Langmuir 方程拟合得到的结果可知，CHIFA 气凝胶对 Ni^{2+}、Cu^{2+}、Cr^{3+} 和 Zn^{2+} 的饱和吸附量分别为 298.5 mg/g、383.1 mg/g、196.9 mg/g 和 217.4 mg/g，可能是由于 CHIFA 骨架中吲哚基团和重金属离子之间的阳离子-π 相互作用与羧基、羟基和重金属离子之间的络合作用相互协同。

表 3-4　CHIFA 气凝胶对 Ni^{2+}、Cu^{2+}、Cr^{3+} 和 Zn^{2+} 吸附的 Langmuir 等温线模型参数

离子类型	q_{max}/(mg/g)	b/(L/mg)	R^2
Ni^{2+}	298.5	0.2343	0.9997
Cu^{2+}	383.1	0.2119	0.9994
Cr^{3+}	196.9	0.0868	0.9985
Zn^{2+}	217.4	0.1054	0.9992

3. 吸附循环

图 3-22 展示了 CHIFA 气凝胶对 Ni^{2+}、Cu^{2+}、Cr^{3+} 和 Zn^{2+} 的吸附循环。经过 1 次循环再利用后，CHIFA 气凝胶对 Ni^{2+}、Cu^{2+}、Cr^{3+} 和 Zn^{2+} 4 种金属离子的吸附量有所下降，这可能是因为金属离子在被吸附后，占据了一部分吸附位点，没有完全脱附。经过 4 次循环再利用后，CHIFA 气凝胶对 Ni^{2+}、Cu^{2+}、Cr^{3+} 和 Zn^{2+} 的吸附

量分别为 90 mg/g、103 mg/g、75 mg/g 和 92 mg/g，分别为初始样品的 74.6%、80.2%、75.0%和 81.4%。

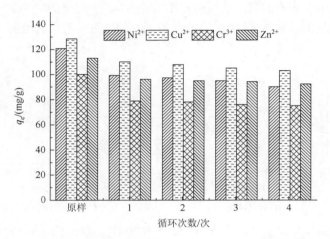

图 3-22　CHIFA 气凝胶对 Ni^{2+}、Cu^{2+}、Cr^{3+} 和 Zn^{2+} 的吸附循环

4. 吸附机理

为了深入了解 CHIFA 对 Cu^{2+} 的吸附机理，对吸附 Cu^{2+} 前后的 5-羟基吲哚-3-乙酸（5-HI-COOH）进行 UV-vis 光谱表征。图 3-23 为 5-HI-COOH 及 5-HI-COOH 络合等物质的量的 Cu^{2+} 后的 UV-vis 光谱及它们的差谱图。差谱曲线显示在 218 nm 处有一个负峰，在 230 nm 处有一个正峰，表明 Cu^{2+} 与 5-HI-COOH 之间形成了阳离子-π 相互作用。

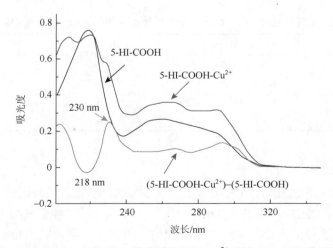

图 3-23　5-HI-COOH 和它络合等物质的量的 Cu^{2+} 后的 UV-vis 光谱及差谱图

采用 DFT 计算方法对吸附机理进行研究。图 3-24 展示了 CHIFA 气凝胶对 Cu^{2+} 的吸附过程。如图 3-24(c)所示,当羧基单元与 Cu^{2+} 通过络合作用形成 Cu^{2+}-羧基络合物时,得到优化的几何形状。图 3-25(a)展示了 Cu^{2+}-羧基络合物的能量(44.86 kJ/mol)。Cu^{2+}-吲哚的平衡构象是缺电子 Cu^{2+} 和吲哚环形成阳离子-π 相互作用,距离为 3.12 Å,结合能为 32.53 kJ/mol[图 3-25(b)]。图 3-25(c)展示了 CHIFA 气凝胶中的羟基单元与 Cu^{2+} 形成的络合物。然而,羧基和羟基对移动 Cu^{2+} 的吸附较困难,因为络合作用属于两个原子位点的点对点作用,结合面积较小。相反,Cu^{2+} 可以通过点对面的阳离子-π 相互作用吸附到吲哚环上,且脱附速度比原来慢,从而很有可能导致 Cu^{2+} 被相邻的羧基和羟基单元吸附。因此,邻位吲哚可以促进 Cu^{2+} 和羧基、羟基的络合,更容易、更有效地形成 Cu^{2+}-羧基和 Cu^{2+}-羟基络合物。CHIFA 骨架中吲哚基团和重金属离子之间的阳离子-π 相互作用与羧基、羟基和重金属离子之间的络合作用存在相互协同的机制,从而使 CHIFA 气凝胶对重金属离子具有优异的吸附效率。

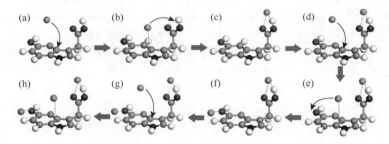

图 3-24 CHIFA 气凝胶对 Cu^{2+} 的吸附过程涉及点对面和点对点相互作用的协同吸附

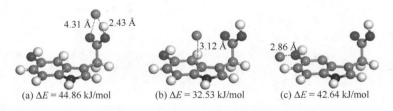

图 3-25 DFT 计算模型的相互作用

(a)CHIFA 中的羧基和 Cu^{2+} 的点对点相互作用;(b)CHIFA 中吲哚和 Cu^{2+} 点对面的阳离子-π 构象;(c)CHIFA 中的羟基和 Cu^{2+} 的点对点相互作用

参 考 文 献

[1] Ding S Y, Dong M, Wang Y W, et al. Thioether-based fluorescent covalent organic framework for selective detection and facile removal of mercury(II). Journal of the American Chemical Society, 2016, 138(9): 3031-3037.

[2] Waheed A, Baig N, Ullah N, et al. Removal of hazardous dyes, toxic metal ions and organic pollutants from wastewater by using porous hyper-cross-linked polymeric materials: a review of recent advances. Journal of Environmental Management, 2021, 287: 112360.

[3] Zhang L, Zeng Y X, Cheng Z J. Removal of heavy metal ions using chitosan and modified chitosan: a review. Journal of Molecular Liquids, 2016, 214: 175-191.

[4] Chang G J, Yang L, Yang J X, et al. High-performance pH-switchable supramolecular thermosets via cation-π interactions. Advanced Materials, 2018, 30 (7): 1704234.

[5] Mahadevi A S, Sastry G N. Cation-π interaction: its role and relevance in chemistry, biology, and material science. Chemical Reviews, 2013, 113 (3): 2100-2138.

[6] Gebbie M A, Wei W, Schrader A M, et al. Tuning underwater adhesion with cation-π interactions. Nature Chemistry, 2017, 9 (5): 473-479.

[7] Yang P, Yang L. Wang Y, et al. An indole-based aerogel for enhanced removal of heavy metals from water via the synergistic effects of complexation and cation-π interactions. Journal of Materials Chemistry A, 2019, 7 (2): 531-539.

[8] Spasojevic P M, Panic V V, Jovic M D, et al. Biomimic hybrid polymer networks based on casein and poly (methacrylic acid). Case study: Ni^{2+} removal. Journal of Materials Chemistry A, 2016, 4 (5): 1680-1693.

[9] Okada A, Miura T, Takeuchi H. Protonation of histidine and histidine-tryptophan interaction in the activation of the M2 ion channel from influenza a virus. Biochemistry, 2001, 40 (20): 6053-6060.

[10] Yang L, Yang P, Ma Y C, et al. A novel carboxylic-functional indole-based aerogel for highly effective removal of heavy metals from aqueous solution via synergistic effects of face-point and point-point interactions. RSC Advances, 2019, 9 (43): 24875-24879.

第 4 章 吲哚基多孔聚合物在 CO_2 吸附中的应用

近年来，化石燃料（煤、石油和天然气）的大量使用造成 CO_2 过量排放，导致温室效应加剧，从而引起全球气温升高并继而产生一系列环境问题。减少碳排放是应对气候变暖的办法之一，而如何有效吸附 CO_2 是实现这一目标的重要技术路径之一。有机多孔材料具有结构可灵活设计、孔道可自由调节、孔表面可丰富修饰，以及功能可调控等特点，在 CO_2 吸附等应用领域发挥着重要作用[1-4]。本章主要介绍吲哚基微孔聚合物和吲哚基气凝胶对 CO_2 的吸附性能及吸附机理，以期为解决目前日益严峻的气候问题提供新思路。

4.1 吲哚基微孔聚合物 PINK 对 CO_2 的吸附性能研究

4.1.1 吲哚基微孔聚合物的制备与表征

1. 吲哚基微孔聚合物的制备

具有螺旋状非平面构象的单体是微孔聚合物的良好构建单元，因此本节选择具有 3 个吲哚基团的螺旋状构建块作为重复单元（图 4-1）。按照图 4-2 所示合成路线，首先通过 1,3,5-苯三甲酰氯和氟苯反应制备 1,3,5-三-(4-氟苯甲基)苯，再通过无催化剂的亲核取代反应，将 1,3,5-三-(4-氟苯甲基)苯与 3,3-二吲哚甲烷缩聚，得到吲哚基微孔有机聚合物 PINK[5]。

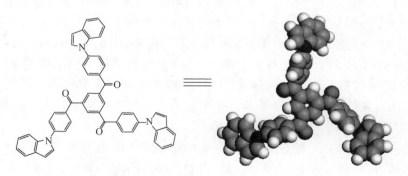

图 4-1 具有 3 个吲哚基团的螺旋状构建块示意图

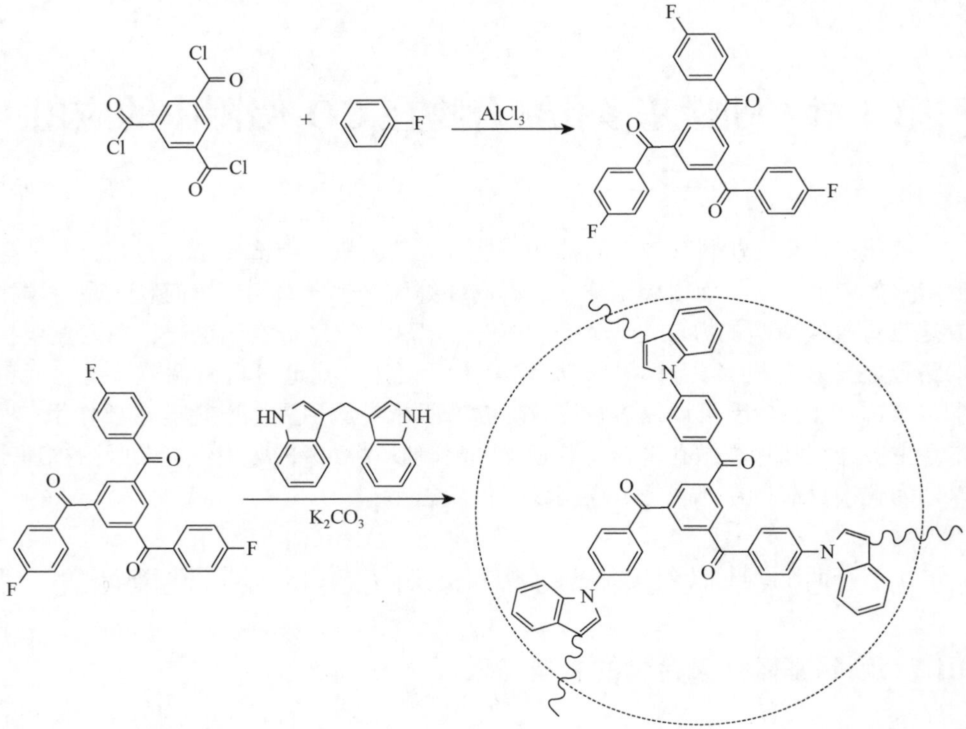

图 4-2 PINK 的合成路线图

2. PINK 的表征

利用 FTIR 光谱和 ^{13}C NMR 光谱对 PINK 进行表征。图 4-3(a) 为 PINK 的 FTIR 光谱图。由图 4-3(a) 可知，2893 cm^{-1} 和 3445 cm^{-1} 处的峰分别对应于—CH$_2$—和吲哚中的—NH—基团特征峰，1610 m^{-1}、1496 m^{-1} 和 1449 cm^{-1} 处的峰对应于芳香环骨架的振动，1678 cm^{-1} 处较宽的吸收峰对应于超交联网络中的 $>$C=O 结构。图 4-3(b) 为 PINK 的 ^{13}C NMR 光谱图。由图 4-3(b) 可知，在约 193 ppm、150~100 ppm 和 54 ppm 处有 3 个宽峰，193 ppm 处的峰归因于羰基碳，130~100 ppm 处的宽峰归因于吲哚基碳，143~100 ppm 处的宽峰归因于其他芳香基碳，54 ppm 处的信号峰对应于 2 个吲哚基团之间的亚甲基碳。上述结果表明，PINK 被成功制备。

图 4-4(a) 为 PINK 的 SEM 图，图 4-4(b) 为 PINK 的 TEM 图。SEM 图表明微孔聚合物由亚微米大小的颗粒组成。TEM 图表明该材料具有多孔结构。

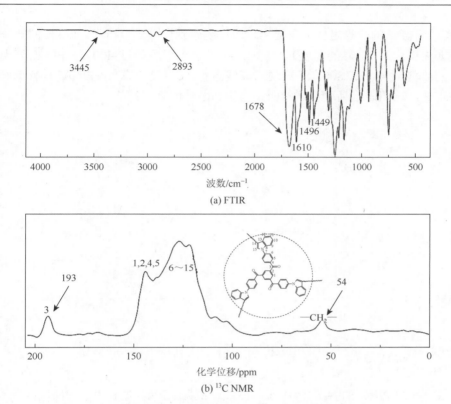

(a) FTIR

(b) ^{13}C NMR

图 4-3　PINK 的 FTIR 和 ^{13}C NMR 谱图

(a) SEM 图　　　　　　　　(b) TEM 图

图 4-4　PINK 的 SEM 图和 TEM 图

PINK 是否具有实际应用价值取决于材料的热稳定性。利用热重分析（thermogravimetric analysis，TGA）对 PINK 的热稳定性进行表征。如图 4-5 所示，

PINK 具有较高的热稳定性,在最初阶段仅观察到少量质量损失。PINK 的热分解温度(失重达到 5%时的温度)大约在 400℃。当温度超过 400℃,PINK 表现出明显的热重损失,在 800℃下表现出高残碳率(58%)。综上,PINK 具有良好的热稳定性,这归因于高度交联的网络结构和刚性的骨架结构。

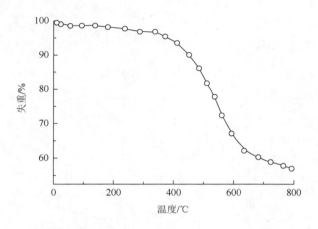

图 4-5　PINK 的 TGA 曲线

图 4-6 为 PINK 的 N_2 等温吸脱附曲线,根据 IUPAC 的标准,PINK 的等温吸附曲线表现为Ⅰ型和Ⅱ型。当相对压力较低(0~0.1)时,N_2 吸附曲线出现明显的上升,说明 PINK 具有微孔性质。当相对压力介于 0.1~0.9 时,N_2 吸附曲线变化较小,说明 PINK 中存在大量的介孔。通过 BET 模型对等温线进行拟合,得到 PINK 的比表面积为 2090 m^2/g。利用 NLDFT 对 PINK 的孔径分布进行计算,计

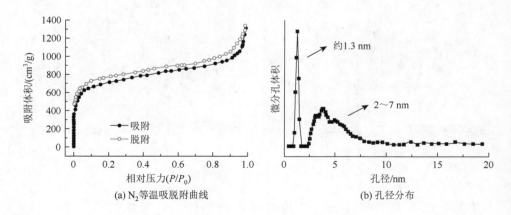

图 4-6　PINK 的 N_2 等温吸脱附曲线和孔径分布图

算结果表明 PINK 具有以 1.3 nm 为中心的微孔和分布在 2~7 nm 的介孔，证实了 PINK 中的微介孔结构。

4.1.2 PINK 对气体的吸附性能研究

1. CO_2 和 H_2 吸附

具有螺旋状非平面构象和微孔结构的 PINK 可通过局部偶极-π 相互作用吸附 CO_2 气体。图 4-7 为 PINK 的 CO_2（273 K）和 H_2（77 K）吸附等温线，由图 4-7 可知，当压力超过 100 kPa 时，CO_2 的吸附量（质量分数）为 16.0%，储氢量（质量分数）为 2.48%，可见 PINK 的 CO_2 吸附能力和储氢能力都非常高。与其他类型的多孔材料相比，PINK 表现出更强的 CO_2 吸附能力[6,7]。研究结果表明，除材料比表面积外，多孔聚合物的分子结构和化学性质对气体吸附也起着重要作用。

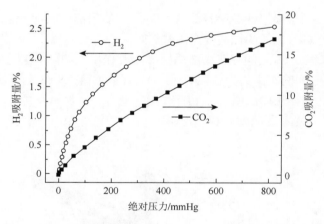

图 4-7　PINK 的 CO_2 和 H_2 吸附等温线

注：1 mmHg = 0.133 kPa。

2. CO_2 的选择性研究

为了评估 PINK 在气体分离中的潜在用途，研究 PINK 对小分子（CO_2/CH_4、CO_2/N_2）的选择性吸附。图 4-8 为 PINK 的 CO_2、CH_4 和 N_2 吸附等温线。CO_2 的吸附量随压力呈近似线性增加的趋势，而 CH_4 和 N_2 的吸附量没有出现明显的增加趋势。在 273 K、100 kPa 时，CO_2 的吸附量可达 4.11 mmol/g。而在相同条件下，PINK 对 CH_4 和 N_2 的吸附量分别为 0.13 mmol/g 和 0.27 mmol/g。

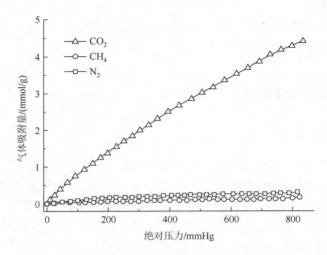

图 4-8 PINK 的 CO_2、CH_4 和 N_2 吸附等温线

3. 局部偶极-π 相互作用的证明

采用分子动力学模拟计算 PINK 与 CO_2 之间的局部偶极-π 相互作用。图 4-9 展示了 PINK 与 CO_2 之间的径向分布函数。如果 CO_2 与吲哚的距离为 3～5 Å，则可以认为 PINK 与 CO_2 之间存在局部偶极-π 相互作用。如图 4-9 所示，当 CO_2 中的 O 和吲哚环之间的距离约为 3.9 Å 时，$g(r)$ 有最大值（8.83），表明在该距离下 PINK 与 CO_2 之间存在局部偶极-π 相互作用。此外，在图 4-9 中没有观察到明显的 N_2 和 CH_4 与吲哚基团之间的相互作用。

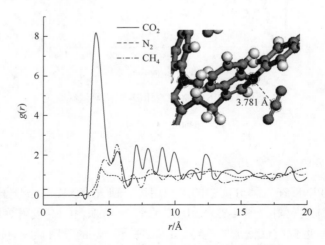

图 4-9 PINK 与 CO_2 之间的径向分布函数

4.2 吲哚基微孔聚合物 PEINK 和 N-PEINK 对 CO_2 的吸附性能研究

4.2.1 吲哚基微孔聚合物的制备与表征

1. 吲哚基微孔聚合物的制备

如图 4-10 所示,通过无催化剂的亲核取代反应,将 4-羟基吲哚和 1,3,5-三-(4-氟苯甲酰基)苯缩聚,得到吲哚基微孔有机聚合物 PEINK;将含—NH—和—OH 基团的 4-羟基-7-氮吲哚单体与 1,3,5-三-(4-氟苯甲酰基)苯进行缩聚,制备吲哚基微孔有机聚合物 N-PEINK。聚合物 PEINK 和 N-PEINK 具有良好的稳定性,且不溶于普通有机溶剂(如 DMF、DMAc、DMSO、NMP、$CHCl_3$ 等)[8]。

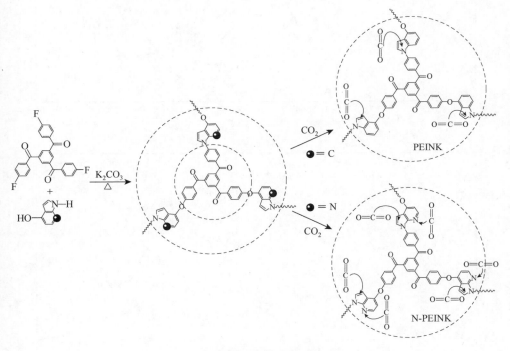

图 4-10 PEINK 和 N-PEINK 的合成路线

2. PEINK 和 N-PEINK 的表征

利用 FTIR 光谱和 ^{13}C NMR 光谱对微孔有机聚合物 PEINK 和 N-PEINK 进行

表征。图 4-11(a) 为 PEINK 的 FTIR 谱图。3430 cm^{-1} 处的弱吸收峰对应于 4-羟基吲哚单体中的—NH—和—OH，1604 cm^{-1}、1490 cm^{-1} 和 1445 cm^{-1} 处的峰归因于芳香环骨架振动，1661 cm^{-1} 处的宽吸收峰对应于 PEINK 网络中的 >C=O 结构。图 4-11(b) 为 PEINK 的 ^{13}C NMR 谱图，在约 191 ppm 和 150～90 ppm 处有 2 个宽峰。约 191 ppm 处的峰归因于羰基碳，150～90 ppm 处的宽峰归因于吲哚基和其他芳香基碳。图 4-12(a) 为 N-PEINK 的 FTIR 谱图。3434 cm^{-1} 处的弱吸收峰对应于 4-羟基吲哚单体中的—NH—和—OH，1633 cm^{-1} 和 1422 cm^{-1} 处的峰归因于芳香环骨架振动，1677 cm^{-1} 处的宽吸收峰对应于 N-PEINK 网络中的 >C=O 结构。图 4-12(b) 为 N-PEINK 的 ^{13}C NMR 谱图，在约 193 ppm 和 160～90 ppm 处有两个宽峰。约 193 ppm 处的峰归因于羰基碳，160～90 ppm 处的宽峰归因于吲哚基和其他芳香碳。研究结果表明，PEINK 和 N-PEINK 被成功制备。

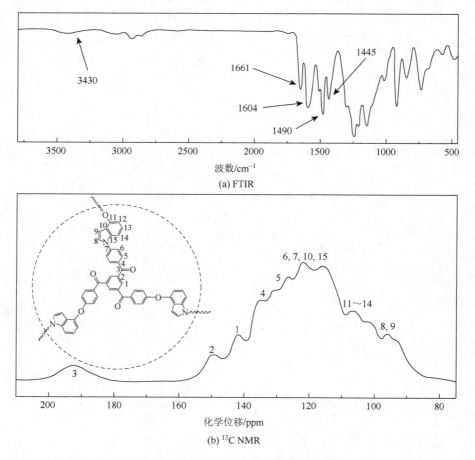

图 4-11 PEINK 的 FTIR 和 ^{13}C NMR 谱图

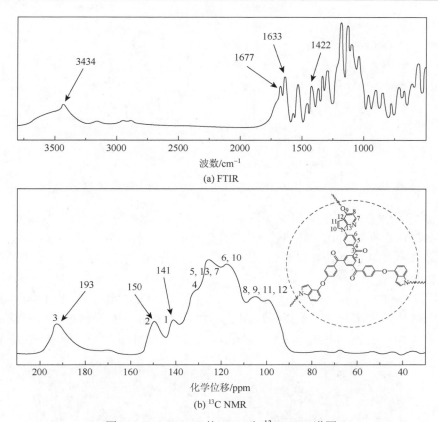

图 4-12 N-PEINK 的 FTIR 和 ^{13}C NMR 谱图

利用 SEM 对微孔有机聚合物 PEINK 的形貌进行表征。图 4-13(a) 为 PEINK 的 SEM 图。由图 4-13(a) 可知,材料由亚微米大小的颗粒聚集而成。此外,TEM 图[图 4-13(b)]展示了 PEINK 的多孔结构。图 4-13(c) 为 PEINK 的 N_2 等温吸脱附曲线。当相对压力较低(0~0.1)时,N_2 吸附曲线出现明显上升的趋势,说明 PEINK 具有微孔性质。在相对压力较高(0.9)时,N_2 吸附量的增加与颗粒间

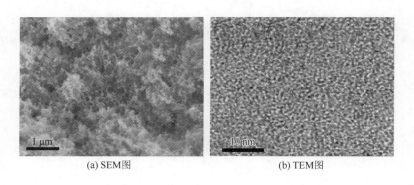

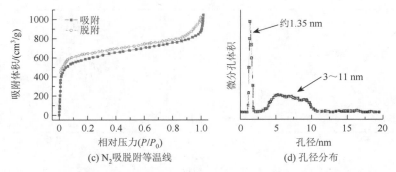

(c) N_2吸脱附等温线

(d) 孔径分布

图4-13 PEINK 的 SEM 图、TEM 图、N_2 吸脱附等温线和孔径分布图

空隙有关。通过BET模型对等温线进行拟合,得到PEINK的比表面积为1712 m^2/g。利用 NLDFT 对 PEINK 的孔径分布进行近似计算,计算结果表明 PEINK 具有以 1.35 nm 为中心的微孔和分布在 3~11 nm 的介孔,证实了 PEINK 中的微介孔结构。

图4-14(a) 为 N-PEINK 的 SEM 图。由图 4-14(a) 可知,N-PEINK 由亚微米大小的颗粒聚集而成。此外,TEM 图[图 4-14(b)]展示了 N-PEINK 的多孔结构。图 4-14(c) 为 N-PEINK 的 N_2 吸脱附等温线。当相对压力较低(0~0.1)时,

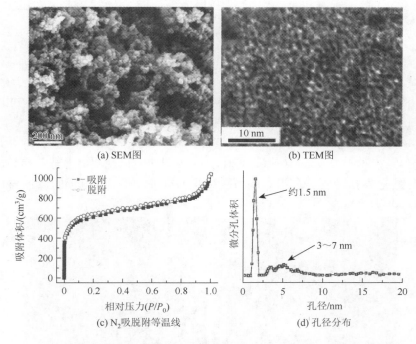

(a) SEM图

(b) TEM图

(c) N_2吸脱附等温线

(d) 孔径分布

图4-14 N-PEINK 的 SEM 图、TEM 图、N_2 吸脱附等温线和孔径分布图

N_2 吸附曲线出现明显上升的趋势，说明 N-PEINK 具有微孔性质。通过 BET 模型对等温线进行拟合，得到 N-PEINK 的比表面积为 1836 m^2/g。利用 NLDFT 对 N-PEINK 的孔径分布进行近似计算，计算结果表明 N-PEINK 具有以 1.5 nm 为中心的微孔和分布在 3~7 nm 的介孔，证实了 N-PEINK 中的微介孔结构。

通过 TGA 分析 PEINK 和 N-PEINK 的热稳定性，如图 4-15 所示。PEINK 和 N-PEINK 的热分解温度（失重达到 5%时的温度）大约为 530℃，具有较高的热稳定性。当温度超过 530℃，PEINK 和 N-PEINK 表现出明显的热重损失。在 800℃时，PEINK 和 N-PEINK 表现出较高的残碳率。综上，PEINK 和 N-PEINK 具有良好的热稳定性，这归因于高度交联的网络结构。

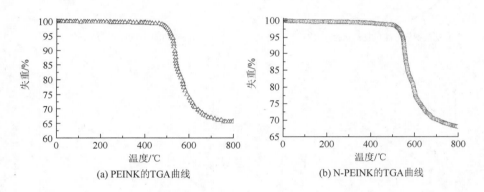

图 4-15 PEINK 和 N-PEINK 的 TGA 曲线

4.2.2 N-PEINK 和 PEINK 对 CO_2 的吸附性能研究

1. CO_2 的吸附及选择性

N-PEINK 具有微孔结构、螺旋状非平面构象和电荷密度高的氮杂吲哚单元，有利于促进吸附分子与吸附剂之间的偶极-四极和局域偶极-π 相互作用[图 4-16（a）和图 4-16（b）]。图 4-16（c）为 N-PEINK 的 CO_2 和 H_2 吸附等温线。由图 4-16（c）可知，当压力超过 100 kPa 时，CO_2 的吸附量（质量分数）为 20.8%，储氢量（质量分数）为 2.67%，可见 N-PEINK 的 CO_2 吸附能力和储氢能力都非常高。PEINK 网络在 100 kPa 下的储氢量（质量分数）为 2.41%，CO_2 吸附量（质量分数）为 13.4%，如图 4-16（d）所示。与 PEINK 网络相比，N-PEINK 网络因氮杂吲哚单元上的两个氮原子而表现出更高的氢存储能力和 CO_2 吸附能力。图 4-16（e）和图 4-16（f）分别为 N-PEINK 和 PEINK 网络对小分子（CO_2/CH_4、CO_2/N_2）的选择性吸附曲线图。由图 4-16（f）可知，CO_2 的吸附量随压力的增加几乎呈线性增

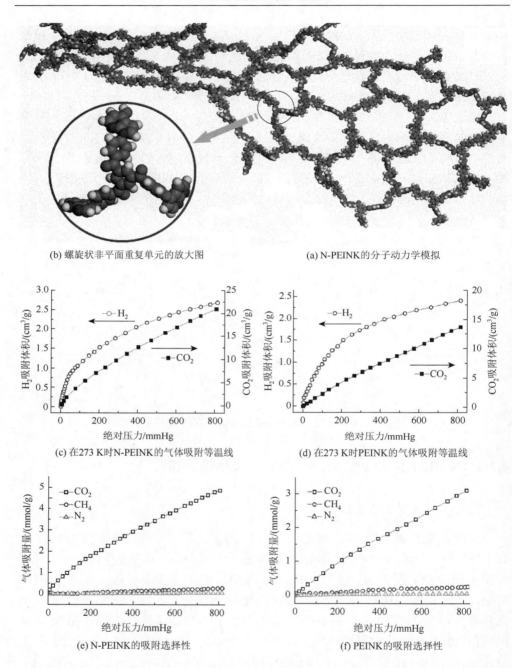

图 4-16 N-PEINK 的分子动力学模拟以及 N-PEINK 和 PEINK 的气体吸附等温线和吸附选择性

加趋势,而 CH_4 和 N_2 吸附量的增加可以忽略不计。由于 PEINK 和 CO_2 之间的局域偶极-π 相互作用，PEINK 对 CO_2 的吸附量高达 3.10 mmol/g，对 CH_4 和 N_2 的吸附量分别为 0.26 mmol/g 和 0.05 mmol/g。由于 N-PEINK 与 CO_2 分子间的局域偶极-π 和偶极-四极协同作用，N-PEINK 对 CO_2 的吸附量达到 4.86 mmol/g，对 CH_4 和 N_2 的吸附量分别为 0.27 mmol/g 和 0.05 mmol/g。此外，在 291 K 和 308 K 下研究了 N-PEINK 和 PEINK 对 CO_2 的选择性吸附，研究结果表明，N-PEINK 和 PEINK 在较高温度下仍表现出良好的吸附选择性（图 4-17）。

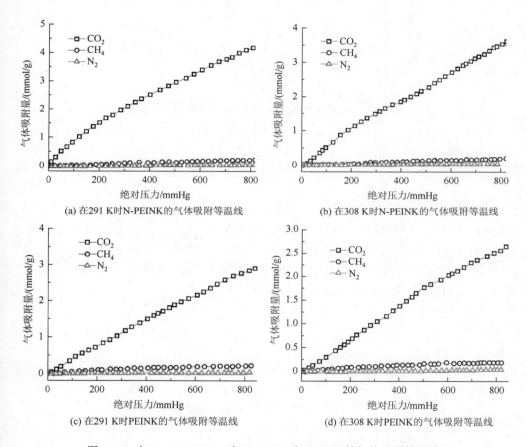

图 4-17　在 291 K、308 K 时 N-PEINK 和 PEINK 的气体吸附等温线

此外，还考察了 N-PEINK 网络在潮湿条件下的气体吸附选择性，如图 4-18 所示。在相对湿度为 3%的水蒸气条件下，N-PEINK 的 CO_2 吸附量从 4.86 mmol/g 降低到 3.53 mmol/g，其原因是水分子占据了 N-PEINK 的吸附位点。而水蒸气条件下 N-PEINK 对 CH_4 和 N_2 的吸附量分别为 0.28 mmol/g 和 0.05 mmol/g，与非水蒸气条件下 N-PEINK 对 CH_4 和 N_2 的吸附量基本一致。因此，微量水对 CO_2 的吸

附有影响,但对 CH_4 和 N_2 的吸附无影响。研究结果表明,N-PEINK 在微量水条件下仍能保持较高的气体吸附选择性,适用于烟气中 CO_2 的捕集。

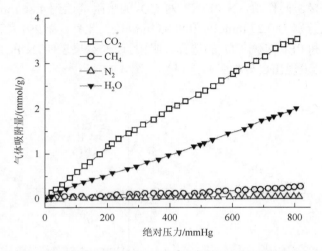

图 4-18 N-PEINK 的气体吸附等温线

用 Virial 方程计算等量吸附热(Q_{st}),从而评估 CO_2 与材料的亲和性[9]。如图 4-19 所示,在低吸附值时,N-PEINK 具有最大 Q_{st} 值(31.3 kJ/mol),且高于 PEINK 具有的最大 Q_{st} 值(25.9 kJ/mol),这归因于富氮的 N-PEINK 网络和氮杂吲哚单元的高电荷密度。高 Q_{st} 值也表明在聚合物主链中引入氮杂吲哚单元显著增强了 N-PEINK 与 CO_2 之间的亲和力。

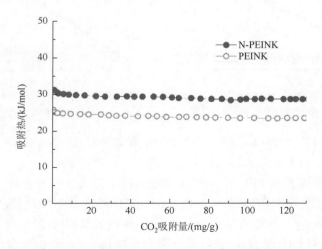

图 4-19 N-PEINK 和 PEINK 的 CO_2 等量吸附热曲线

2. 吸附机理研究

利用分子动力学模拟研究 N-PEINK 与 CO_2 之间的局域偶极-π 和偶极-四极相互作用。图 4-20 为聚合物的氮杂吲哚（或吲哚单元）与 CO_2 之间的径向分布函数。由图 4-20（a）可知，$g(r)$ 在 3.03 Å 和 5.87 Å 处有两个主峰，表明在 3.03 Å 距离处 CO_2 的 C 原子和 N 原子之间存在强偶极-四极相互作用。此外，当 N-PEINK 与 CO_2 之间的距离为 35 Å 时，可以认为存在局部偶极-π 相互作用。如图 4-20（b）所示，$g(r)$ 最大值（12.64 和 8.97）对应的距离分别为 3.55 Å 和 6.12 Å，证明了局部偶极-π 相互作用的存在。更重要的是，图 4-20（a）和图 4-20（b）也表明，N_2、CH_4 和氮杂吲哚之间没有显著的相互作用。此外，图 4-20（c）展示了 CO_2 与聚合物链之间的局域偶极-π 和偶极-四极相互作用。相比之下，由图 4-20（d）可知，当 CO_2 中的 C 原子和 PEINK 中吲哚环之间的距离约为 3.74 Å 时，$g(r)$ 具有最大值，PEINK 与 CO_2 之间存在局域偶极-π 相互作用。从计算角度可知，局部偶极-π 和偶极-四极相互作用将有利于 CO_2 与 N-PEINK 的结合。

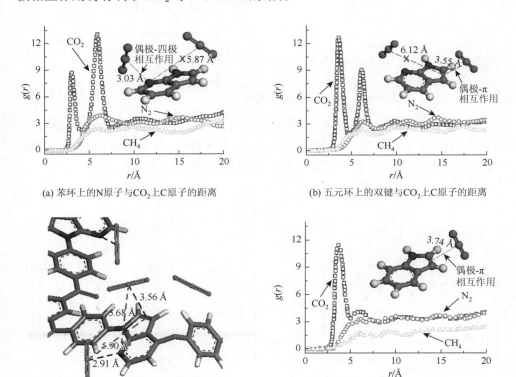

图 4-20　径向分布函数图

4.3 羰基功能化吲哚基微孔有机聚合物 PKIN 对 CO_2 的选择性捕获

4.3.1 羰基功能化吲哚基微孔有机聚合物的制备

1. 1,3,5-三-(3-吲哚羰基)苯单体的合成

如图 4-21 所示,在 $ZrCl_4$ 存在的条件下,通过 1,3,5-苯三酰三氯和吲哚进行缩合反应合成 1,3,5-三-(3-吲哚羰基)苯,产率为 58%[10]。

图 4-21 1,3,5-三-(3-吲哚羰基)苯单体的合成路线

2. 1,3,5-三-(3-吲哚羰基)苯单体的表征

利用 ^1H NMR、^{13}C NMR 和 FTIR 光谱对 1,3,5-三-(3-吲哚羰基)苯的结构进行表征。图 4-22 为 1,3,5-三-(3-吲哚羰基)苯的 ^1H NMR、^{13}C NMR 和 FTIR 谱图。核磁和红外谱图均很好地验证了 1,3,5-三-(3-吲哚羰基)苯单体的结构。

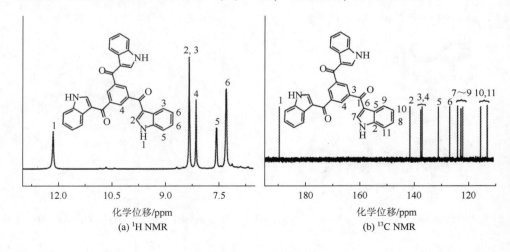

(a) ^1H NMR

(b) ^{13}C NMR

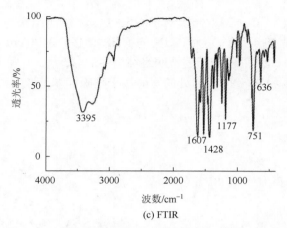

(c) FTIR

图 4-22　1,3,5-三-(3-吲哚羰基)苯单体的 ^{1}H NMR、^{13}C NMR 和 FTIR 谱图

3. 羰基功能化吲哚基微孔有机聚合物的合成及表征

在催化剂 $FeCl_3$ 存在的条件下，以 1,3,5-三-(3-吲哚羰基)苯为原料，通过直接氧化偶联反应制备羰基功能化吲哚基微孔有机聚合物 PKIN，合成路线如图 4-23 所示。

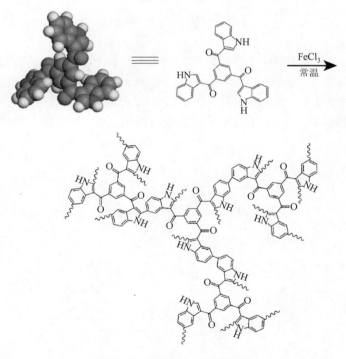

图 4-23　PKIN 的合成路线图

通过 FTIR 和 ^{13}C NMR 光谱对 PKIN 进行表征，结果与所提出的结构相吻合（图 4-24）。图 4-24（a）为 PKIN 的 FTIR 谱图，3420 cm^{-1} 处的吸收峰对应于—NH—，1710 cm^{-1} 处的峰归因于网络结构中的 $>$C=O。图 4-24（b）为 PKIN 的 ^{13}C NMR 谱图，150~90 ppm 处的宽峰属于吲哚和苯基碳，约 192 ppm 处的峰属于羰基碳。

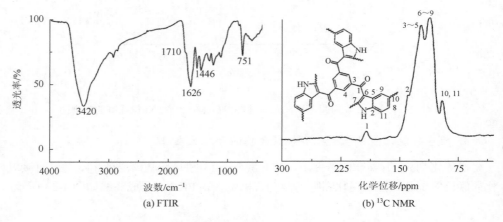

图 4-24　PKIN 的 FTIR 和 ^{13}C NMR 谱图

利用 TGA 测定 PKIN 的热稳定性，如图 4-25 所示。PKIN 具有较高的热稳定性，在最初阶段仅观察到少量质量损失。PKIN 的热分解温度（失重达到 5%时的温度）大约为 387 ℃。当温度超过 387 ℃，PKIN 表现出明显的热重损失，在 800 ℃下表现出高残碳率。综上，PKIN 具有良好的热稳定性，这归因于高度交联的网络结构。

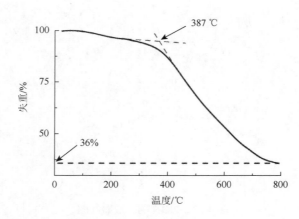

图 4-25　PKIN 的 TGA 曲线

图 4-26 为 PKIN 的 SEM 图和 TEM 图。由 SEM 图可知，PKIN 由亚微米尺寸的颗粒聚集组成。TEM 图展示了 PKIN 的多孔结构，这也是吸附和分离 CO_2 的必要条件。

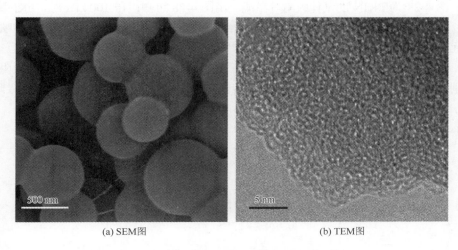

(a) SEM图　　　　　　　　　　(b) TEM图

图 4-26　PKIN 的 SEM 图和 TEM 图

图 4-27 为 PKIN 的 N_2 吸脱附等温线和孔径分布图。N_2 吸附等温线在低压（$P/P_0<0.01$）之后处于平台期（$0.01<P/P_0<0.90$），与预期的微孔性质一致。在 $P/P_0>0.9$ 附近可观察到 N_2 吸附量急剧增加，这与颗粒间空隙有关。数据计算表明，PKIN 的比表面积高达 1628 m^2/g。此外，采用 NLDFT 模拟 PKIN 的孔径分布。PKIN 的平均孔径约为 4.3 nm，峰值约为 1.12 nm。

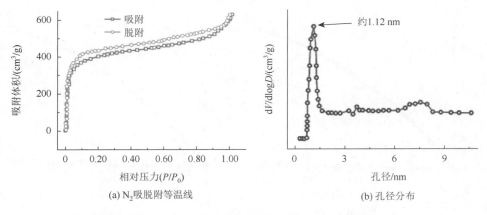

(a) N_2吸脱附等温线　　　　　　(b) 孔径分布

图 4-27　PKIN 的 N_2 吸脱附等温线和孔径分布图

4.3.2 PKIN 对 CO_2 的吸附性能研究

图 4-28 为 PKIN 的气体吸附等温线。由图 4-28 可知，在 100 kPa 时，PKIN 对 CO_2 的吸附量高达 6.12 mmol/g。出现这一结果主要有以下两个原因：①PKIN 中吲哚单元及其邻近羧基的协同效应；②PKIN 中吲哚单元及其邻近羧基的高电荷密度。此外，CH_4 和 N_2 的吸附量几乎没有增加。在 100 kPa 下，PKIN 对 CH_4 和 N_2 的吸附量分别为 0.30 mmol/g 和 0.08 mmol/g，进一步说明 PKIN 对 CO_2 具有较强的选择性吸附。

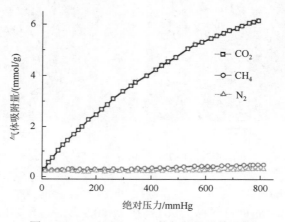

图 4-28　273 K 下 PKIN 的气体吸附等温线

此外，还研究了在 291 K 和 308 K 下 PKIN 对 CO_2 的选择性吸附。如图 4-29 所示，PKIN 在较高温度下仍表现出良好的吸附选择性。

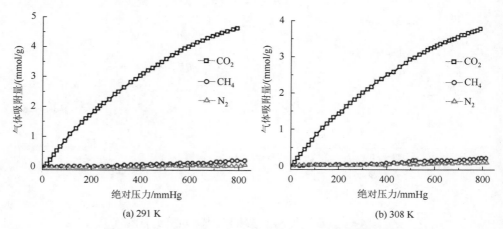

图 4-29　在 291 K 和 308 K 下 PKIN 对 CO_2 的选择性吸附

图 4-30 为 PKIN 的 CO_2 吸附-解吸循环图，将 CO_2 转换为 N_2 后，捕获的 CO_2 被解吸，吸附-解吸循环重复 4 次后，CO_2 吸附量无明显变化。

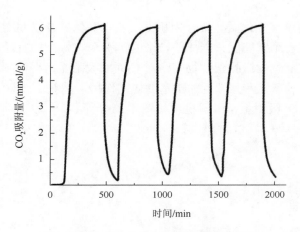

图 4-30　PKIN 的 CO_2 吸附-解吸循环图

用 Virial 方程计算等量吸附热（Q_{st}），从而评估 CO_2 与 PKIN 的亲和性。如图 4-31 所示，在低吸附值时，PKIN 具有最大 Q_{st} 值（35.2 kJ/mol），且高于吲哚基微孔材料 PINK[11]。PKIN 的 Q_{st} 值越高，表明吲哚单元和包括邻近羰基在内的协同单元越有利于 CO_2 的吸附。

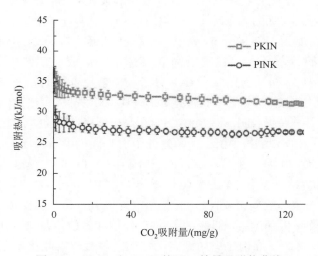

图 4-31　PKIN 和 PINK 的 CO_2 等量吸附热曲线

4.3.3 吸附机理研究

与已报道的单官能化微孔聚合物相比，双官能化聚合物网络表现出较高的吸附能力[12-15]。但一个官能团只能捕获一个 CO_2 分子，额外的官能团会占据材料的体积，导致双官能化的微孔聚合物网络对 CO_2 的吸附能力得不到较大改善。这里利用 PKIN 中吲哚单元及其邻近的羰基的协同作用，捕获 2 个以上的 CO_2 分子，从而大大提高 CO_2 吸附量。吸附机理如图 4-32 所示。

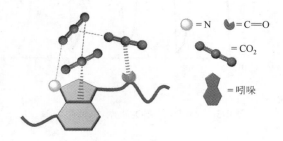

图 4-32 PKIN 吸附 CO_2 的机理图

利用 DFT 研究 PKIN 中吲哚及其邻近羰基与 CO_2 的相互作用。图 4-33 展示了模型化合物捕获 CO_2 的过程，其中吲哚和羰基的协同效应有助于吸附多个 CO_2 分子。由于模型化合物中吲哚单元具有相对较大的结合面积，第一个 CO_2 分子可以快速吸附到吲哚的芳杂环上[图 4-33(a)]。计算结果表明，第一个 CO_2 分子与吲哚的结合能为 18.6 kJ/mol，如图 4-34(a) 所示。对于 CO_2-吲哚配合物，当 CO_2 位于吲哚的芳杂环上，且键距为 3.35 Å，并形成局部偶极-π 构象时，能量结构最小[图 4-33(b)]。第二个 CO_2 分子与模型化合物的相互作用更强，除了 CO_2---CO_2 相互作用外，还发生了氢键 CO_2---H—N（吲哚）相互作用[图 4-33(c) 和图 4-33(d)]。计算结果表明，第二个 CO_2 分子与模型化合物的结合能为 14.2 kJ/mol，如图 4-34(b) 所示。此外，第三个 CO_2 分子由于偶极-四极 CO_2---O=C$\langle$（邻羰基）和 CO_2---CO_2 相互作用[图 4-33(e) 和图 4-33(f)]而与模型化合物有更强烈的相互作用。计算结果表明，第三个 CO_2 分子与模型化合物的结合能为 16.9 kJ/mol，高于 CO_2 分子与羰基的偶极-四极相互作用（9.3 kJ/mol），如图 4-35 所示。由此可知，局部偶极-π 相互作用、偶极-四极相互作用和多位点氢键的协同作用，使得 CO_2-PKIN 复合物的三维构象更加稳定，这在大多数双官能化微孔聚合物网络中未见报道。

第 4 章 吲哚基多孔聚合物在 CO_2 吸附中的应用 · 67 ·

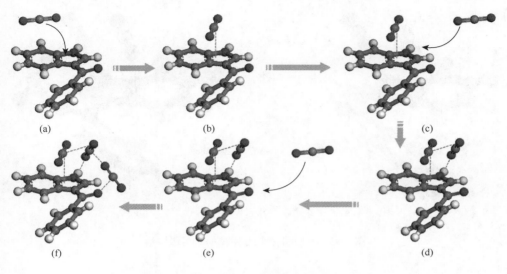

图 4-33 CO_2 捕获过程示意图

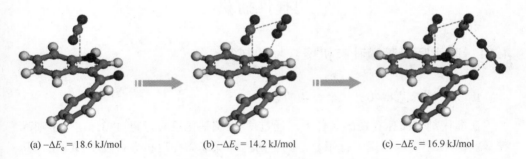

图 4-34 利用 DFT 计算模型化合物-CO_2 的优化几何构象

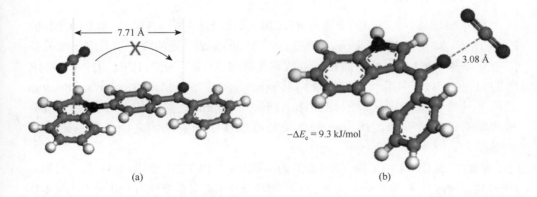

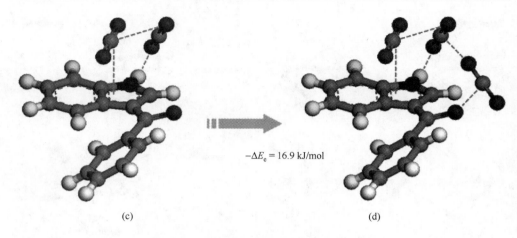

图 4-35　不同吲哚-羰基距离的 CO_2 吸附焓

4.4　防污吲哚基微孔有机聚合物 PTICBL 对 CO_2 的选择性捕获

4.4.1　防污吲哚基微孔有机聚合物的制备

1. 防污吲哚基微孔有机聚合物的合成

在催化剂 $FeCl_3$ 存在的条件下，通过傅-克烷基化反应，将 1, 3, 5-三-(3-吲哚羰基)苯和二甲氧基甲烷进行聚合，制备防污吲哚基微孔有机聚合物 PTICBL，其合成路线如图 4-36 所示[16]。

2. PTICBL 的表征

利用 FTIR 和 ^{13}C NMR 谱图对 PTICBL 进行表征。图 4-37（a）为 PTICBL 的 FTIR 谱图。如图 4-37（a）所示，2962 cm^{-1} 和 3415 cm^{-1} 处的峰分别对应于吲哚基团中亚甲基和—NH—基团的特征吸收峰。图 4-37（b）为 PTICBL 的 ^{13}C NMR 谱图。图 4-37（b）中出现了三组峰（186 ppm、150～75 ppm 和 38 ppm）。186 ppm 处的信号峰归属于羰基碳的特征峰，150～75 ppm 处的宽信号峰归属于吲哚基和苯基碳的特征峰，38 ppm 处的信号峰归属于吲哚基团之间亚甲基碳的特征峰。

微观结构是影响 PTICBL 吸附 CO_2 的重要因素。由 TEM 图[图 4-38（a）]可知，PTICBL 具有微孔结构，该结构在 CO_2 吸附和分离中起着重要作用。SEM 图[图 4-38（b）]表明 PTICBL 包含直径为 3μm 左右的聚集粒子。

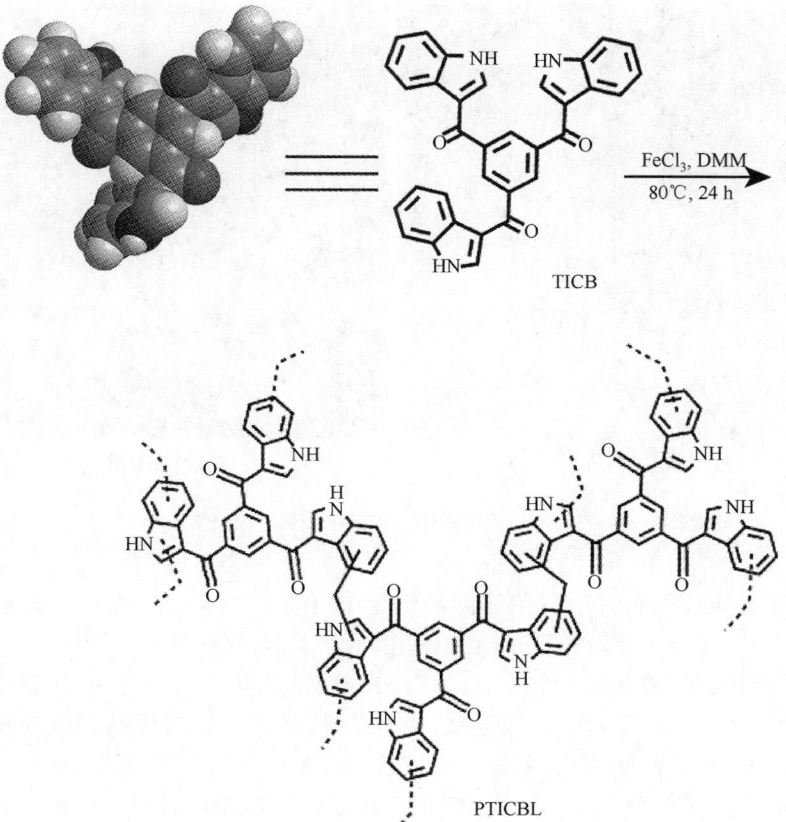

第 4 章　吲哚基多孔聚合物在 CO_2 吸附中的应用

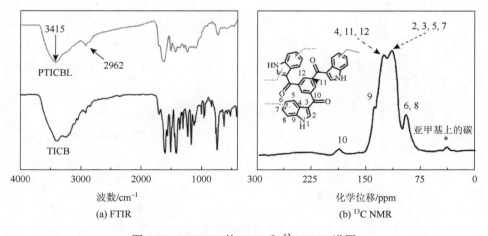

图 4-36　PTICBL 的合成路线图

图 4-37　PTICBL 的 FTIR 和 ^{13}C NMR 谱图

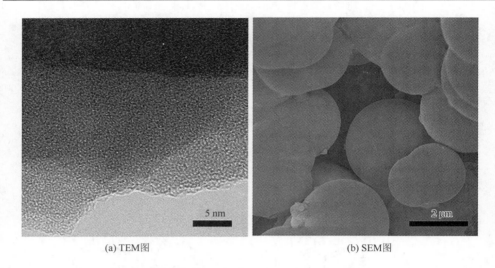

图 4-38　PTICBL 的 TEM 图和 SEM 图

利用 77 K 下的 N_2 吸脱附等温线测定 PTICBL 的孔径分布和比表面积，结果如图 4-39 所示。在低压（0~0.01 MPa）下，N_2 吸脱附等温线迅速上升，反映了 PTICBL 的微孔结构性质，与 TEM 图的结果一致。在相对较高的压力（0.09 MPa）下，颗粒间的空隙导致 N_2 吸附量增加，这与样品的微观和宏观结构有关。利用非局部密度泛函理论计算 PTICBL 的孔径分布，结果表明在 1.379 nm 处存在一个尖峰。采用 BET 模型计算 PTICBL 的比表面积，其比表面积可达 1237 m^2/g。

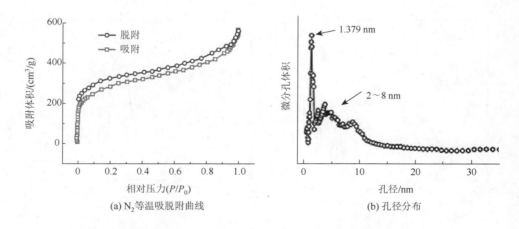

图 4-39　PTICBL 的 N_2 等温吸脱附曲线和孔径分布

4.4.2 PTICBL 对 CO_2 的吸附性能研究

图 4-40 展示了 PTICBL 在 273 K 下的气体吸附量和吸附选择性（CO_2、N_2、CH_4）。由图 4-40 可知，CO_2 吸附量随压力的增大而增大，而 N_2 和 CH_4 吸附量的增大可忽略不计。在 273 K 时，PTICBL 对 CO_2 的吸附量高达 5.3 mmol/g，对 CH_4 和 N_2 的吸附量分别为 0.21 mmol/g 和 0.06 mmol/g。

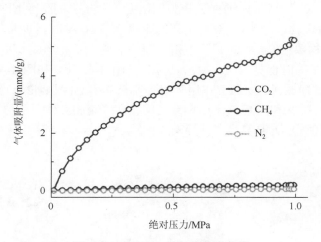

图 4-40　PTICBL 的气体吸附曲线

图 4-41 为 PTICBL 的 CO_2 吸附循环图。在 273 K 下，在 10 个周期中，PTICBL 对 CO_2 的吸附能力几乎相同，表明 PTICBL 具有良好的可回收性。

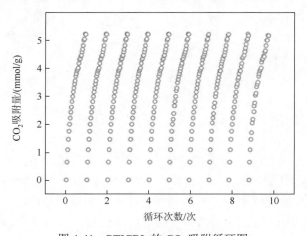

图 4-41　PTICBL 的 CO_2 吸附循环图

4.4.3 吸附机理研究

利用 DFT 研究 PTICBL 对 CO_2 吸附过程中氢键诱导的分子间协同吸附机制。图 4-42 展示了模型化合物捕获 CO_2 的过程，其中吲哚单元和羰基单元协同捕获若干 CO_2 分子。如图 4-42（a）所示，〉C═O 和—NH—基团之间的氢键建立并形成分子间吸附单元。CO_2 吸附过程如下：模型化合物中吲哚单元具有相对较大的结合面积，第一个 CO_2 分子可快速吸附到吲哚的芳杂环上［图 4-42（a）］；对于 CO_2-吲哚络合物，当 CO_2 与吲哚环的距离为 3.16 Å 时，能量结构最小，形成局部偶极-π 构象［图 4-42（b）］；在相邻吲哚的帮助下，形成 CO_2-羰基-亚胺基络合物的构象，同时保持对 CO_2 的高选择性［图 4-42（c）和图 4-42（d）］；第二个 CO_2 分子通过局域偶极-π 相互作用吸附到吲哚基团上［图 4-42（e）和图 4-42（f）］。计算结果表明，吲哚和羰基单元与 CO_2 之间存在多重相互作用的协同效应，这也是导致 PTICBL 对 CO_2 具有高选择性的原因。

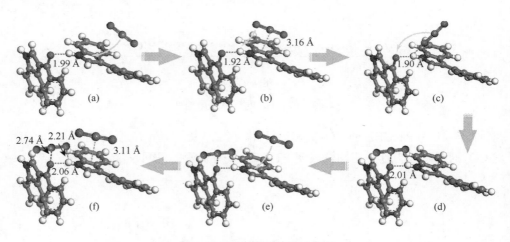

图 4-42 CO_2 捕获过程示意图

4.4.4 防污性能研究

大肠杆菌和金黄色葡萄球菌被广泛用于研究材料的防污能力。为了进一步了解 PTICBL 的防污性能，构建具有相似微观结构的传统间苯二酚-甲醛（RF）网络。将 PTICBL 和 RF 分别浸泡在大肠杆菌和金黄色葡萄球菌悬浮液中，然后在 37℃ 下分别培养 2 h、10 h 和 24 h。离心分层后，用质量分数为 2.5% 的戊二醛溶液将细菌固定在样品表面，并用磷酸盐缓冲液（phosphate buffered saline，PBS）漂洗

3次,除去不黏附在聚合物表面的细菌,保证细菌的形态和活性。真空干燥后,用 SEM 观察细菌在样品表面的附着情况。如图 4-43(彩图见附图 4)所示,PTICBL 表面的细菌较少。与 RF 气凝胶相比,在相同的培养时间内,所制备的 PTICBL 具有良好的防污性能。

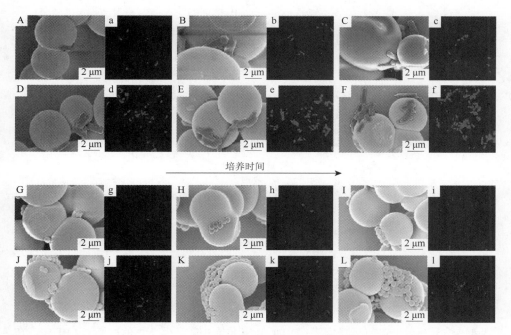

图 4-43　培养 2 h、10 h、24 h 后细菌附着在材料表面的显微镜图像[(A)~(L)为 SEM 图,(a)~(l)为 LSCM(laser scanning confocal microscope,激光扫描共聚焦显微镜)图]
(A)~(C)和(a)~(c)PTICBL 与大肠杆菌;(D)~(F)和(d)~(f)RF 气凝胶与大肠杆菌;(G)~(I)和(g)~(i)PTICBL 与金黄色葡萄球菌;(J)~(L)和(j)~(l)RF 气凝胶与金黄色葡萄球菌

利用 LSCM 表征大肠杆菌和金黄色葡萄球菌覆盖材料表面的面积分数,进一步讨论 PTICBL 和 RF 表面细菌的附着情况。用 SYTO9 对样品染色并进行共聚焦显微成像,结果如图 4-44(a)和图 4-44(b)所示。大肠杆菌和金黄色葡萄球菌在 PTICBL 表面的覆盖率分别为 2.061%和 0.539%,而在 RF 表面的覆盖率分别为 13.223%和 1.593%。与其他多孔材料相比,PTICBL 对大肠杆菌和金黄色葡萄球菌具有优异的抗污性[17, 18]。此外,还表征了 PTICBL 在细菌中培养 24 h 后的 CO_2 吸附能力,结果如图 4-44(c)所示。由于细菌附着后,PTICBL 的比表面积减小,导致对 CO_2 的吸附能力降低(金黄色葡萄球菌为 4.1 mmol/g,大肠杆菌为 3.7 mmol/g)。然而,细菌附着后 PTICBL 的 CO_2 吸附能力仍与其他微孔聚合物相当[19-22]。

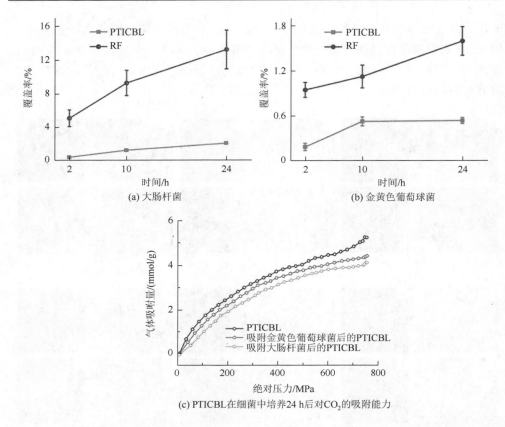

图 4-44 大肠杆菌和金黄色葡萄球菌在 PTICBL 和传统 RF 气凝胶表面的覆盖率及 PTICBL 在细菌中培养 24 h 后对 CO_2 的吸附能力

参 考 文 献

[1] Chen Y, Shao G F, Kong Y, et al. Facile preparation of cross-linked polyimide aerogels with carboxylic functionalization for CO_2 capture. Chemical Engineering Journal, 2017, 322: 1-9.

[2] Wang C, Okubayashi S. Polyethyleneimine-crosslinked cellulose aerogel for combustion CO_2 capture. Carbohydrate Polymers, 2019, 225: 115248.

[3] Dawson R, Stöckel E, Holst J R, et al. Microporous organic polymers for carbon dioxide capture. Energy & Environmental Science, 2011, 4 (10): 4239-4245.

[4] Wang T X, Han B H. Carbazole-based porous organic polymers for carbon dioxide capture and catalytic conversion. Chinese Science Bulletin, 2020, 65 (31): 3389-3400.

[5] Chang G J, Shang Z F, Yu T, et al. Rational design of a novel indole-based microporous organic polymer: enhanced carbon dioxide uptake via local dipole-π interactions. Journal of Materials Chemistry A, 2016, 4 (7): 2517-2523.

[6] Zhu J H, Chen Q, Sui Z Y, et al. Preparation and adsorption performance of cross-linked porous polycarbazoles. Journal of Materials Chemistry A, 2014, 2 (38): 16181-16189.

[7] Rabbani M G, Sekizkardes A K, El-Kadri O M, et al. Pyrene-directed growth of nanoporous benzimidazole-linked nanofibers and their application to selective CO_2 capture and separation. Journal of Materials Chemistry, 2012, 22(48): 25409-25417.

[8] Chang G J, Yang L, Yang J X, et al. A nitrogen-rich, azaindole-based microporous organic network: synergistic effect of local dipole-π and dipole-quadrupole interactions on carbon dioxide uptake. Polymer Chemistry, 2016, 7(37): 5768-5772.

[9] Dunne J A, Mariwala R, Rao M, et al. Calorimetric heats of adsorption and adsorption isotherms. 1. O_2, N_2, Ar, CO_2, CH_4, C_2H_6, and SF_6 on Silicalite. Langmuir, 1996, 12(24): 5888-5895.

[10] Chang G J, Xu Y W, Zhang L, et al. Enhanced carbon dioxide capture in an indole-based microporous organic polymer via synergistic effects of indoles and their adjacent carbonyl groups. Polymer Chemistry, 2018, 9(35): 4455-4459.

[11] Chang G J, Shang Z F, Yu T. Rational design of a novel indole-based microporous organic polymer: enhanced carbon dioxide uptake via local dipole-pi interactions. Journal of Materials Chemistry A, 2016, 4(7): 2517-2523.

[12] Zhu X, Mahurin S M, An S H, et al. Efficient CO_2 capture by a task-specific porous organic polymer bifunctionalized with carbazole and triazine groups. Chemical Communications, 2014, 50(59): 7933-7936.

[13] Sekizkardes A K, Altarawneh S, Kahveci Z, et al. Highly Selective CO_2 capture by triazine-based benzimidazole-linked polymers. Macromolecules, 2014, 47(23): 8328-8334.

[14] Muhammad R, Rekha P, Mohanty P. Facile synthesis of a thermally stable imine and benzimidazole functionalized nanoporous polymer (IBFNP) for CO_2 capture application. Greenhouse Gases: Science and Technology, 2016, 6(1): 150-157.

[15] Islamoglu T, Behera S, Kahveci Z, et al. Enhanced carbon dioxide capture from landfill gas using bifunctionalized benzimidazole-linked polymers. ACS Applied Materials & Interfaces, 2016, 8(23): 14648-14655.

[16] Du M Q, Peng Y Z, Ma Y C, et al. Selective carbon dioxide capture in antifouling indole-based microporous organic polymers. Chinese Journal of Polymer Science, 2020, 38(2): 187-194.

[17] Lüdecke C, Roth M, Yu W Q, et al. Nanorough titanium surfaces reduce adhesion of Escherichia coli and Staphylococcus aureus via nano adhesion points. Colloids and Surfaces B: Biointerfaces, 2016, 145: 617-625.

[18] Bjergbæk L A, Haagensen J A J, Molin S, et al. Effect of oxygen limitation and starvation on the benzalkonium chloride susceptibility of Escherichia coli. Journal of Applied Microbiology, 2008, 105(5): 1310-1317.

[19] Bera R, Ansari M, Mondal S, et al. Selective CO_2 capture and versatile dye adsorption using a microporous polymer with triptycene and 1, 2, 3-triazole motifs. European Polymer Journal, 2018, 99: 259-267.

[20] Cui Y Z, Du J F, Liu Y C, et al. Design and synthesis of a multifunctional porous N-rich polymer containing s-triazine and Tröger's base for CO_2 adsorption, catalysis and sensing. Polymer Chemistry, 2018, 9(19): 2643-2649.

[21] Luo S J, Zhang Q N, Zhang Y Z. Facile synthesis of a pentiptycene-based highly microporous organic polymer for gas storage and water treatment. ACS Applied Materials & Interfaces, 2018, 10(17): 15174-15182.

[22] Puthiaraj P, Kim S S, Ahn W S. Covalent triazine polymers using a cyanuric chloride precursor via Friedel-Crafts reaction for CO_2 adsorption/separation. Chemical Engineering Journal, 2016, 283: 184-192.

第5章　吲哚基多孔聚合物在三硝基甲苯吸附中的应用

三硝基甲苯（TNT）是一种受外部刺激影响较小的较为安全的含能材料，在军事和工业中具有广泛的应用。但是，TNT 是一种 C 类致癌物，对环境、人类和动植物健康有毒性影响。因此，开展水体系中 TNT 的处理具有十分重要的意义。与其他方法相比，吸附法操作更简便省时，同时适用范围广、二次污染更小[1-4]。因此，开展 TNT 高效吸附材料的研发工作引起了广大学者的关注。但目前已报道的 TNT 吸附材料的吸附速率较慢、吸附量不高，这些不足限制了 TNT 吸附材料的实际应用。本章以吲哚及其衍生物为原料制备吲哚基多孔材料，并对其结构、对水溶液中 TNT 的吸附行为与吸附机理等进行探讨。

5.1　氨基功能化吲哚基聚合物 PAIN 对 TNT 的吸附研究

5.1.1　氨基功能化吲哚基聚合物的制备与表征

1. 氨基功能化吲哚基聚合物的制备

如图 5-1 所示，以 4-氨基吲哚（4-AIN）和二甲氧基甲烷（FDA）为原料，加入催化剂 $FeCl_3$，经过傅-克烷基化反应和 CO_2 超临界干燥，得到氨基功能化吲哚基聚合物 PAIN[5]。

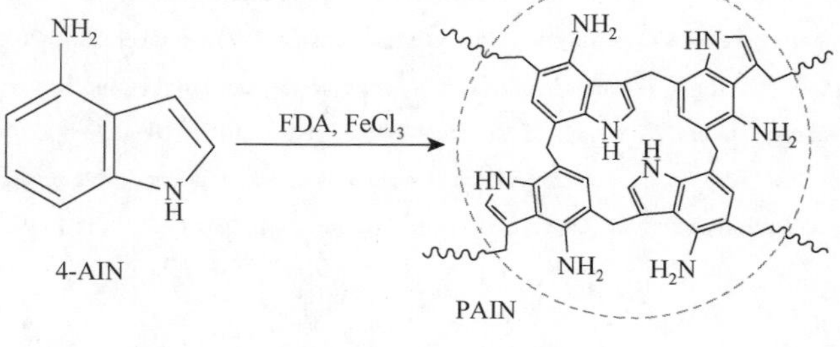

图 5-1　PAIN 的合成路线

2. PAIN 的表征

利用 FTIR 和 ^{13}C NMR 光谱对 PAIN 的结构进行表征。图 5-2(a) 为 PAIN 的 FTIR 谱图，3404.5 cm^{-1} 处的峰归因于伯氨基（—NH$_2$）和吲哚环中亚氨基团（N—H）的伸缩振动，2929.0 cm^{-1} 和 2966.3 cm^{-1} 处的峰归因于 PAIN 网络中亚甲基（—CH$_2$—）的伸缩振动，1626.6 cm^{-1} 和 1452.8 cm^{-1} 处的峰对应于芳香环骨架振动。图 5-2(b) 为 PAIN 的 ^{13}C NMR 谱图，169～103 ppm 处的峰属于吲哚环的碳原子，40～35 ppm 处的信号峰属于亚甲基结构碳原子。上述结果表明所得产物与预期一致，证实 PAIN 被成功制备。

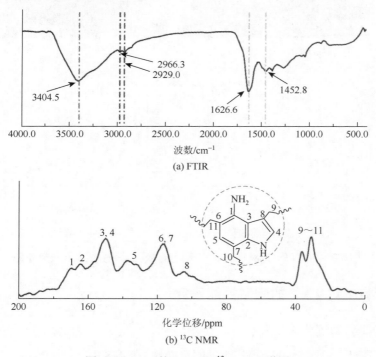

图 5-2　PAIN 的 FTIR 和 ^{13}C NMR 谱图

图 5-3(a) 为 PAIN 的 SEM 图。由图 5-3(a) 可知，PAIN 的结构是由球形颗粒堆叠形成的三维多孔网状结构。图 5-3(b) 为 PAIN 的实物图。图 5-3(c) 为 PAIN 的 N$_2$ 等温吸脱附曲线，根据 IUPAC 的标准，PAIN 的等温吸脱附曲线属于 IV 型的 H1 类回线。当相对压力较低（0～0.1）时，N$_2$ 等温吸脱附曲线具有明显的上升趋势，说明 PAIN 具有微孔性质。当相对压力为 0.1～0.9 时，N$_2$ 等温吸脱附曲线表现出小幅上升趋势，说明 PAIN 中存在大量的介孔，这与 SEM 图的结果一致。通过 BET 模型对等温线进行拟合，制备的 PAIN 的比表面积为

459.4 m²/g。利用 Barrett-Joyner-Halenda（BJH）模型对材料的孔径分布进行计算，制备的 PAIN 具有以 1.9 nm 为中心的微孔和分布在 6.3～8.2 nm 的介孔[图 5-3（d）]，证实了 PAIN 中的微介孔结构。

图 5-3 PAIN 的 SEM 图、实物图和 N_2 吸脱附等温线及孔径分布图

5.1.2 PAIN 对 TNT 的吸附性能研究

1. TNT 吸附可能性探究

在水溶液中考察 PAIN 吸附 TNT 的可能性。在 298 K 下，将 PAIN 加入含 TNT 的水溶液中进行吸附实验。以 Na_2SO_3 为络合剂，显色 15 min 后，在室温下测定溶液的 UV-vis 光谱，如图 5-4 所示。加入 PAIN 后，TNT-Na_2SO_3 络合物在 415 nm 处的特征吸收峰强度显著降低，表明吸附后溶液中 TNT 的浓度下降，从而证明了 PAIN 可吸附溶液中的 TNT。

2. 影响 TNT 吸附性能的因素

1) pH 对 TNT 吸附性能的影响

吸附剂的表面电荷和活性位点与溶液 pH 息息相关。由图 5-5 可知，PAIN 对

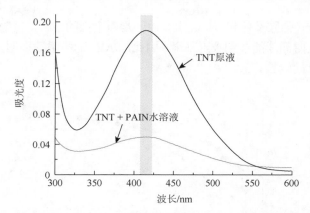

图 5-4　TNT 原液的 UV-vis 光谱图和 TNT + PAIN 的 UV-vis 光谱图

TNT 的平衡吸附量在中性 pH 附近达到最大值。pH＜7 时，PAIN 对 TNT 的吸附量随 pH 的增大而略微上升。pH＞8 时，pH 增大会导致吸附量递减。吸附量的变化主要是 4-氨基吲哚中氨基的电离引起的。在较低或较高酸碱度下，氨基的电离破坏了它与 TNT 的电子供体-受体作用，导致吸附量减少。相反，当酸碱度接近中性时，氨基的电离作用最弱，而 PAIN 和 TNT 之间的电子供体-受体作用最强，吸附量最大。因此，最优的 pH 为 7。

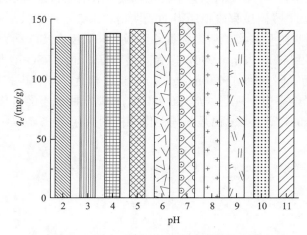

图 5-5　溶液 pH 对 TNT 吸附性能的影响

2）吸附时间对 TNT 吸附性能的影响

由图 5-6 可知，随着时间的逐渐增加，PAIN 对 TNT 的吸附量先迅速增加，然后缓慢增加，最后达到吸附平衡。PAIN 对 TNT 的平衡吸附量为 162.2 mg/g。最开始的快速吸附是芳香环（吲哚环和苯环）与 TNT 强烈的点对面偶极-π 相互作用的结果。随着时间的增加，从吲哚环（或苯环）上脱附的 TNT 通过点对点的相互作用转移到相邻的胺（伯胺及仲胺）单元上，由于是两个点的结合，接触面积相对较小，需要相对较长的时间才能达到吸附平衡。因此，PAIN 的吸附速率明显较慢且达到吸附平衡所需的时间较长。

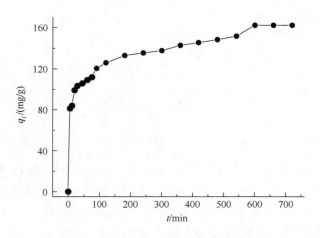

图 5-6　吸附时间对 TNT 吸附性能的影响

图 5-7 和表 5-1 为 PAIN 的动力学模拟结果。由图 5-7(a) 和表 5-1 可知，PFO 动力学模型对 TNT 吸附过程模拟所得的线性相关系数不理想（$R^2<0.990$），而且计算所得的平衡吸附量与实验所得数据相差较大。相反，PSO 动力学模型对 TNT 吸附过程模拟得到的 R^2 大于 0.990，拟合效果较好。通过 PSO 动力学模型计算得到 PAIN 的平衡吸附量为 152.9 mg/g，与实验值相近。颗粒内扩散模型对 TNT 吸附过程的模拟结果也不理想（$R^2<0.980$），且拟合曲线不经过原点，说明颗粒内扩散不是唯一的控速步骤，而是与其他作用机制共存[图 5-7(b)]。TNT 在 PAIN

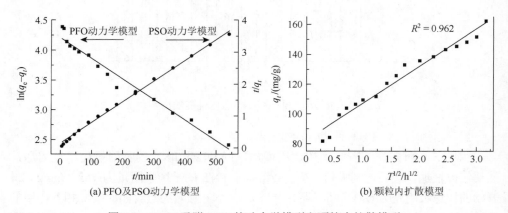

(a) PFO及PSO动力学模型　　　　(b) 颗粒内扩散模型

图 5-7　PAIN 吸附 TNT 的动力学模型和颗粒内扩散模型

上的吸附过程遵循 PSO 动力学模型,因此 PAIN 对 TNT 的吸附属于化学吸附。芳香环与 TNT 的偶极-π 相互作用、氨基与 TNT 的电子供体-受体作用为主要驱动力。

表 5-1 PAIN 对 TNT 吸附的相关动力学参数

材料	$q_{e,exp}$/(mg/g)	PFO 动力学模型			PSO 动力学模型		
		k_1	$q_{e,cal}$/(mg/g)	R^2	k_2	$q_{e,cal}$/(mg/g)	R^2
PAIN	162.2	0.00344	67.1	0.970	0.0484	152.9	0.996

3. 等温吸附

如图 5-8 所示,随着 TNT 初始浓度的递增,PAIN 对 TNT 的吸附量递增。在高浓度 TNT 下,吸附剂表面与 TNT 之间的碰撞及接触频率更高,因此吸附量会随着 TNT 浓度的增加而逐渐增加。等温模型拟合结果见图 5-9 及表 5-2。Freundlich

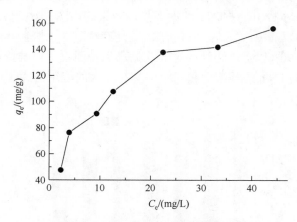

图 5-8 PAIN 对 TNT 吸附的等温线

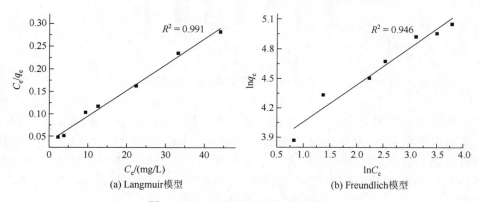

(a) Langmuir 模型　　(b) Freundlich 模型

图 5-9 PAIN 吸附 TNT 的等温模型

模型的模拟结果不理想（$R^2 < 0.990$），Freundlich 模型计算所得的最大吸附量为 39.9 mg/g，与实验所得最大吸附量差异较大。Langmuir 模型的拟合效果较好（$R^2 > 0.990$），得到的最大吸附量为 176.7 mg/g，与实验值十分接近。研究结果表明 TNT 的吸附主要是发生在吸附剂表面的单层吸附。

表 5-2　Freundlich 模型和 Langmuir 模型的特征参数

材料	Freundlich 模型			Langmuir 模型		
	n	K_F	R^2	b	q_{max}/(mg/g)	R^2
PAIN	0.375	39.9	0.946	0.144	176.7	0.991

4. 吸附循环

基于 PAIN 对 TNT 的优异吸附性能，用丙酮作为洗脱剂，通过静态实验研究 TNT 的解吸，探讨 PAIN 对 TNT 的循环处理效果。由图 5-10 可知，吸附在 PAIN 上的 TNT 可以在丙酮中被去除并重新浓缩。连续经过 3 次吸附-解吸循环后，TNT 的回收率保持在 90%以上。连续经过 5 次循环后，回收率仍维持在 80%以上。综上所述，PAIN 在 TNT 的预浓缩和回收中具有很大的应用潜力。

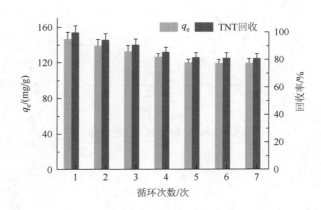

图 5-10　PAIN 对 TNT 的吸附-解吸循环

解吸的原因是竞争产生了作用，如图 5-11 所示。丙酮分子中的羰基与 TNT 之间具有电子供体-受体作用。同时，丙酮分子中的羰基也与 4-AIN 中的氨基具有较强的氢键。这两种作用会产生竞争关系。在大量丙酮中，TNT 和 4-AIN 的相互作用逐渐被丙酮和 TNT 的相互作用所取代。因此，PAIN 可在丙酮中再生。

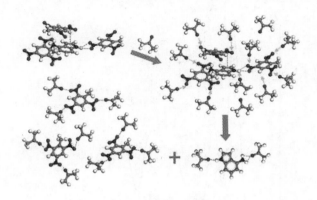

图 5-11 TNT 的解吸示意图

5. 吸附机理

利用 UV-vis 光谱验证 TNT 与 4-AIN 中的氨基之间可能存在电子供体-受体作用，如图 5-12 所示。加入 4-AIN 后，TNT 溶液的颜色立即变为红色，表明形成了 4-AIN-TNT 复合物。与 4-AIN 和 TNT 相比，4-AIN-TNT 复合物的 UV-vis 光谱在 453 nm 和 535 nm 处存在两个新吸收带，归因于 TNT 和 4-AIN 的电子供体-受体作用。

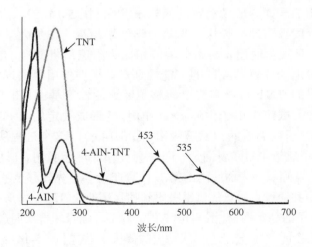

图 5-12 4-AIN、4-AIN-TNT 和 TNT 的 UV-vis 光谱图

为了更好地理解吲哚和 TNT 之间的偶极-π 相互作用，采用分子动力学模拟计算它们之间的径向分布函数。如图 5-13 所示，$g(r)$ 在 4.04 Å 处具有最大主峰。由于该距离在 3~5 Å，可以进一步证明 TNT 与吲哚之间的偶极-π 相互作用。

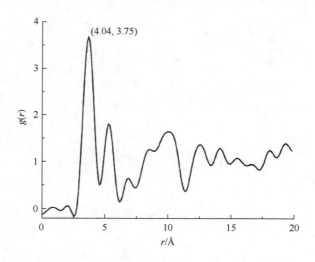

图 5-13　TNT 的硝基氮原子到吲哚基团的径向分布函数

结合实验与理论计算结果,可知 TNT 的吸附过程如图 5-14 所示。由于吲哚环具有相对较大的结合面积,吲哚环和 TNT 之间存在点对面偶极-π 相互作用,吲哚环可以很容易并且快速地吸附移动的 TNT 分子。当向 TNT 溶液中加入 PAIN 后,第一个 TNT 分子通过点对面偶极-π 相互作用被吸附在一个富含 π 电子的吲哚基团的表面,形成稳定的偶极-π 构象[图 5-14(a)]。由于结合面积相对较大,此阶段吸附速率较快,与动力学结果相符。在热力学驱使下,吸附与脱附共存。一旦发生脱附,与本体溶液相比吸附速率将变慢,TNT 分子被相邻的氨基和吲哚上的亚氨基吸附的可能性增高。根据作用距离远近可推断,从吲哚环表面脱附的 TNT 分子首先会转移至邻近的伯氨基上[图 5-14(b)],然后以点对点结合方式产生电子供体-受体作用,并形成稳定的 TNT-氨基络合物,即脱附的 TNT 分子被邻近的伯氨基吸附[图 5-14(c)]。这个过程所费时间较长。第二个 TNT 分子靠近 PAIN 表面后,同样会被吲哚环所吸附,形成偶极-π 构象[图 5-14(d)]。从吲哚环表面脱附的第二个 TNT 分子首先转移至吲哚的亚氨基上[图 5-14(e)],并通过点对点的氢键吸附到吲哚环的亚氨基上,形成 1 个氨基吲哚、2 个 TNT 分子的稳定构象[图 5-14(f)]。随后,吲哚环再次通过点对面偶极-π 相互作用吸附第三个 TNT 分子,形成稳定的偶极-π 构象[图 5-14(g)]。此时,4-氨基吲哚表面对 TNT 的吸附达到饱和,最终形成 3 个 TNT 分子、1 个氨基吲哚的稳定构象[图 5-14(h)],实现对 TNT 的快速高效吸附。吲哚环与 TNT 分子的偶极-π 相互作用能帮助相邻氨基及吲哚上亚氨基对 TNT 的吸附,使吸附变得更快、更有效。

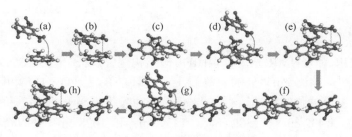

图 5-14 PAIN 吸附 TNT 的示意图

5.2 吲哚基气凝胶 4-HIFA 对 TNT 的吸附研究

5.2.1 吲哚基气凝胶的制备与表征

1. 吲哚基气凝胶的制备

如图 5-15(a) 所示，以 4-羟基吲哚和甲醛为原料，加入催化剂 K_2CO_3，经过聚合反应和冷冻干燥，得到吲哚基气凝胶 4-HIFA。通过吲哚与羟基同 TNT [图 5-15(b)]的点对面偶极-π 和点对点氢键的协同作用，实现 4-HIFA 对 TNT 的快速高效吸附[图 5-15(c)]。

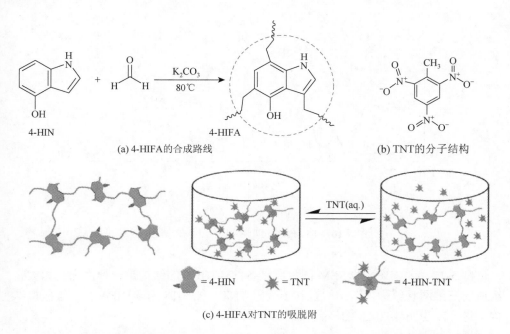

图 5-15 4-HIFA 的合成路线及 TNT 的分子结构和 4-HIFA 对 TNT 的吸脱附示意图

2. 4-HIFA 的表征

利用 FTIR、^{13}C NMR 光谱对 4-HIFA 的结构进行表征。图 5-16(a) 为 4-HIFA 的 FTIR 谱图，3405 cm^{-1} 处的宽峰属于芳香环的羟基（O—H）和吲哚环的亚氨（N—H）基团的伸缩振动，约 2923 cm^{-1} 处的吸收峰属于—CH$_2$—的伸缩振动，约 1626 cm^{-1}、1432 cm^{-1}、1382 cm^{-1}、1239 cm^{-1} 和 1028 cm^{-1} 处的峰属于芳香环的骨架振动。图 5-16(b) 为 4-HIFA 的 ^{13}C NMR 谱图，131 ppm 处的峰对应于苯基碳原子，147 ppm、126～112 ppm 处的宽峰属于吲哚基碳原子，26 ppm 和 68 ppm 处的信号峰属于两个吲哚基团之间的亚甲基碳原子。研究结果表明所得产物与预期一致，证实 4-HIFA 被成功制备。

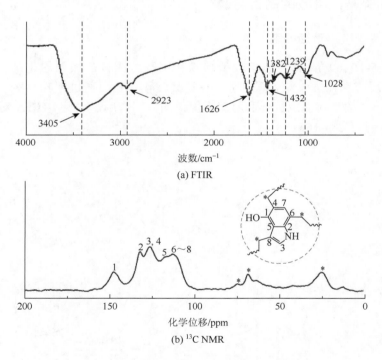

图 5-16　4-HIFA 的 FTIR 及 ^{13}C NMR 谱图

图 5-17 为 4-HIFA 的 SEM 图，所制备的 4-HIFA 的结构是一种由介孔和大孔组成的三维网状结构，该结构有利于吸附 TNT。图 5-18 为 4-HIFA 的三维模拟结构，进一步说明 4-HIFA 的多孔性。

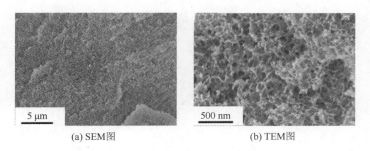

(a) SEM图　　　　　　　　(b) TEM图

图 5-17　4-HIFA 的 SEM 图和 TEM 图

图 5-18　4-HIFA 的三维模拟结构

图 5-19(a) 为 4-HIFA 的 N_2 等温吸脱附曲线，该等温吸脱附曲线属于典型的 Ⅳ 型曲线。当相对压力处于 0.70～0.95 时，可观察到一个滞后环，说明气凝胶中存在大量的介孔和大孔。当相对压力介于 0.05～0.80 时，曲线变化较小；当相对压力高于 0.80 时，气凝胶的吸脱附曲线因毛细凝聚现象变得十分陡峭。通过 NLDFT 方法分析计算孔径大小，得到平均孔径为 46.2 nm[图 5-19(b)]，4-HIFA 的比表面积为 128.7 m^2/g。研究结果表明，4-HIFA 具有介孔结构，可以为 TNT 分子的进入提供足够的空间，从而利于 TNT 的吸附。4-HIFA 的 XRD 结果如图 5-19(c) 所示。4-HIFA 在 23.0°附近有一个较弱的"馒头峰"，说明气凝胶在常温条件下呈无序非晶态。

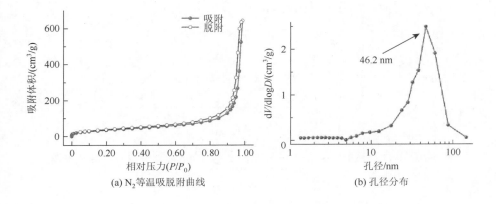

(a) N_2 等温吸脱附曲线　　　　　　　　(b) 孔径分布

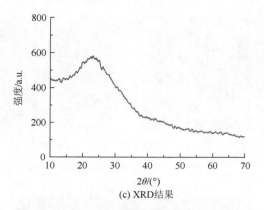

(c) XRD 结果

图 5-19 4-HIFA 的 N_2 等温吸脱附曲线、孔径分布和 XRD 结果

5.2.2 4-HIFA 对 TNT 的吸附性能研究

1. TNT 吸附可能性探究

在水溶液中考察 4-HIFA 吸附 TNT 的可能性。在 298 K 下将 4-HIFA 加入含 TNT 的水溶液中进行吸附实验。以 Na_2SO_3 为络合剂,在室温下测定溶液的 UV-vis 光谱,如图 5-20 所示。加入 4-HIFA 后,TNT-Na_2SO_3 络合物的颜色从黄色变为无色,并且 415 nm 处的特征吸收峰强度显著降低,表明吸附后溶液中 TNT 的浓度下降,证明 4-HIFA 可吸附 TNT。

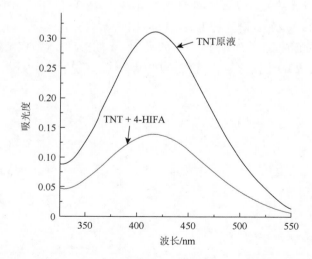

图 5-20 TNT 原液的 UV-vis 光谱图和 TNT + 4-HIFA 水溶液的 UV-vis 光谱图

2. 影响 TNT 吸附性能的因素

1）pH 对 TNT 吸附性能的影响

如图 5-21 所示，在高酸度（pH<7）区域，TNT 的吸附量随着 pH 的增大而提高；在高碱度（pH>8）区域，TNT 的吸附量随着 pH 的增大呈下降趋势；在 pH 呈中性时，TNT 的吸附量达到最大值。吲哚水溶液的 pK_a（16.9）高于酚羟基，因此吲哚的亚氨基在 pH 为 2～11 时不会发生电离。研究结果表明，TNT 吸附量变化主要是由于羟基发生电离。在较低或较高的酸碱度下，羟基的离子化会破坏 4-HIFA 与 TNT 的氢键，导致吸附量减少。相反，当 pH 接近中性时，羟基的电离最弱，4-HIFA 和 TNT 之间的氢键最强，吸附量达到最大值。

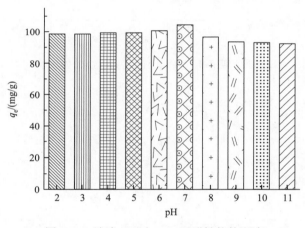

图 5-21　溶液 pH 对 TNT 吸附性能的影响

2）吸附时间对 TNT 吸附性能的影响

由图 5-22 可知，4-HIFA 对 TNT 的吸附量在最初的 30 min 内迅速增加，然后增加速度逐渐减慢，120 min 后达到吸附平衡。初始阶段快速吸附的原因是吲哚和 TNT 之间具有较强的点对面偶极-π 相互作用及相对较大的结合面积。随着时间的进一步增加，脱附的 TNT 通过氢键转移到相邻的羟基和吲哚氨基上，这一过程属于点对点作用，结合面积很小，因此需要很长时间才能达到吸附平衡，从而吸附速率变得较慢。

图 5-23 和表 5-3 为 4-HIFA 的动力学模拟结果。由图 5-23（a）和表 5-3 可知，由 PSO 动力学模型计算得到的 4-HIFA 吸附量更接近实验值。PSO 动力学模型的 R^2 为 0.998，拟合效果较好。PFO 动力学模型的拟合效果较差，R^2 仅为 0.957。由 PFO 模型计算得到的最大吸附量为 41.8 mg/g，与实验值相差较大。颗粒内扩散模型对 TNT 吸附过程的模拟结果也不理想[图 5-23（b）]。4-HIFA 对 TNT 的吸附过

程符合 PSO 动力学模型。因此，4-HIFA 吸附 TNT 的速率主要受化学作用（偶极-π 相互作用和氢键）控制。

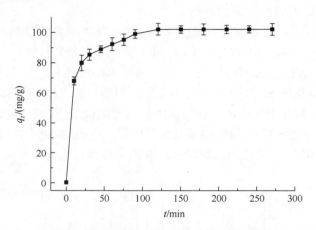

图 5-22　吸附时间对 4-HIFA 吸附 TNT 的影响

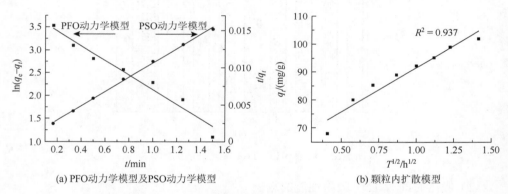

(a) PFO动力学模型及PSO动力学模型　　　　　(b) 颗粒内扩散模型

图 5-23　4-HIFA 吸附 TNT 的动力学模型和颗粒内扩散模型

表 5-3　4-HIFA 对 TNT 吸附的相关动力学参数

材料	$q_{e,exp}$/(mg/g)	PFO 动力学模型			PSO 动力学模型		
		k_1	$q_{e,cal}$/(mg/g)	R^2	k_2	$q_{e,cal}$/(mg/g)	R^2
4-HIFA	102.0	1.6070	41.8	0.957	0.0896	104.1	0.998

3）初始浓度对 TNT 吸附性能的影响

由图 5-24 可知，随着 TNT 初始浓度的递增，4-HIFA 对 TNT 的吸附量也增加。当 TNT 浓度为 450 mg/L 时，吸附量达到饱和值。4-HIFA 对 TNT 的最大吸附量为 105.4 mg/g。

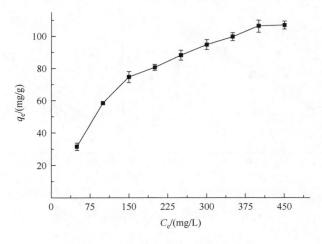

图 5-24　TNT 初始浓度对吸附的影响

3. 等温吸附

为了评估 4-HIFA 吸附 TNT 的能力，探讨其等温吸附曲线，结果如图 5-25（彩图见附图 5）所示。采用 Langmuir 等温模型和 Freundlich 等温模型对数据进行拟合。由图 5-26（彩图见附图 6）和表 5-4 可知，每个温度下，Langmuir 等温模型均有较好的 R^2 值（≥0.993）。Freundlich 等温模型的 R^2 并不理想，在 303 K、313 K、323 K 和 333 K 温度下 R^2 均小于 0.990，表明 4-HIFA 对 TNT 的吸附更符合 Langmuir 等温模型，为表面单层吸附。不同温度下常数 b 的值分别为 0.0226、0.0251、0.0316、0.0380 和 0.0414，相应的分离因子 R_L 均介于 0～1，表明吸附易发生，属于 IUPAC 标准中的 I 类吸附。

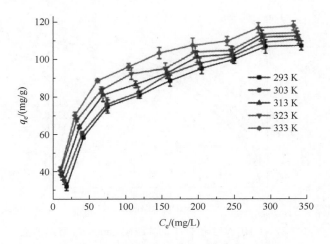

图 5-25　4-HIFA 对 TNT 的等温吸附曲线

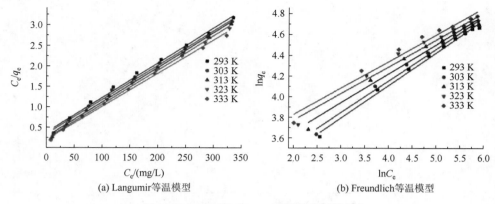

(a) Langumir 等温模型 (b) Freundlich 等温模型

图 5-26　4-HIFA 对 TNT 吸附的等温模型

表 5-4　Freundlich 等温模型和 Langmuir 等温模型的特征参数

温度/K	Freundlich 等温模型			Langmuir 等温模型		
	n	K_F	R^2	b	$q_{max}/(mg/g)$	R^2
293	0.320	17.2	0.993	0.0226	117.5	0.993
303	0.311	18.6	0.988	0.0251	118.8	0.994
313	0.284	22.3	0.979	0.0316	117.8	0.996
323	0.262	25.9	0.975	0.0380	119.0	0.996
333	0.260	27.4	0.967	0.0414	122.9	0.996

4. 吸附热力学

4-HIFA 对 TNT 吸附的 Langmuir 等温模型拟合结果见图 5-27 和表 5-5。不同温度下，Langmuir 等温模型对 4-HIFA 吸附 TNT 的数据拟合效果较好（$R^2 \geq 0.994$）。

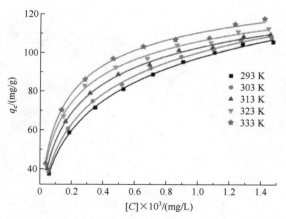

图 5-27　4-HIFA 吸附 TNT 的非线性 Langmuir 等温模型

[C]表示 TNT 在平衡时的物质的量浓度

当温度在 293~333 K 时，平衡常数 K_e 从 891 增加到 2743。K_e 的对数（$\ln K_e$）与 T^{-1} 的线性关系见图 5-28。每个温度下的 ΔG 均小于 0，说明吸附自发进行。吸附的 ΔH 为 20.68 kJ/mol，表明吸附过程中吸热，与实验事实相符。此外，ΔS 为 0.136 kJ/(mol·K)，数值较小，表明 4-HIFA 对 TNT 具有良好的亲和力。

表 5-5　4-HIFA 吸附 TNT 过程的 n、K_e、q_{max} 和 ΔG

温度/K	n	K_e	q_{max}/(mg/g)	ΔG/(kJ/mol)	R^2
293	0.485	891	205.8	−16.5	0.998
303	0.515	1206	182.6	−17.9	0.998
313	0.548	1886	156.7	−19.6	0.997
323	0.533	2189	154.0	−20.7	0.996
333	0.567	2743	150.3	−21.9	0.994

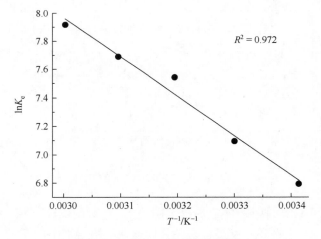

图 5-28　$\ln K_e$ 与 T^{-1} 之间的线性关系图

5. 吸附循环

由图 5-29（a）可知，TNT 在丙酮中由于竞争相互作用被有效地解吸。一方面，丙酮分子中的羰基与 TNT 之间存在电子供体-受体作用，其与偶极-π 相互作用产生竞争；另一方面，丙酮和 4-羟基吲哚之间存在较强的氢键。在经过 7 次吸附-解吸循环后，4-HIFA 的吸附量变化较小，能维持在第一次吸附量的 90%左右[图 5-29（b）]。研究结果表明 4-HIFA 可重复循环使用，这对实际应用具有重要意义。

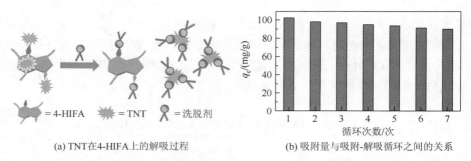

(a) TNT在4-HIFA上的解吸过程 (b) 吸附量与吸附-解吸循环之间的关系

图 5-29　TNT 在 4-HIFA 上的解吸过程示意图和吸附量与吸附-解吸循环之间的关系图

6. 吸附机理

FTIR 光谱证实了氢键的形成。如图 5-30 所示，4-HIFA 吸附 TNT 后，4-HIFA 中 N—H 和 O—H 基团的伸缩振动带从 3402 cm^{-1} 移动到 3420 cm^{-1}，表明 4-羟基吲哚与 TNT 之间形成了较强的氢键。

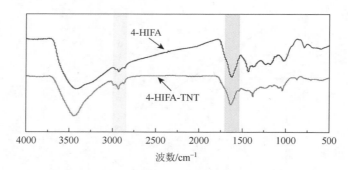

图 5-30　4-HIFA 与 4-HIFA-TNT 的 FTIR 谱图

图 5-31 为 4-HIFA 吸附 TNT 的机理图。由于点对面偶极-π 相互作用具有相对较大的结合面积，吲哚环可以很容易并且快速地吸附溶液中的 TNT 分子。相比之下，因为两个原子间的作用是点对点作用，结合面积较小，羟基和吲哚环上的亚氨基较难吸附移动的 TNT 分子。当向 TNT 溶液中加入 4-HIFA 后，第一个 TNT 分子通过点对面偶极-π 相互作用被快速吸附到一个富含 π 电子的吲哚基团的表面，形成稳定的偶极-π 构象［图 5-31(b)］，此时吸附速率较快。并且在热力学驱使下，吸附与脱附同时发生。当 TNT 分子发生脱附后，TNT 分子被相邻的羟基和吲哚环上的亚氨基吸附的可能性便增大。因此，在相邻吲哚环的帮助下，由于距离相近及作用力大小，从吲哚环表面脱附的 TNT 分子首先与邻近的亚氨基以点对点结合方式产生氢键，形成稳定结构，即脱附的 TNT 分子被吲哚环的亚氨基吸附［图 5-31(c)］。第二个 TNT 分子靠近 4-HIFA 表面后，同样会被吲哚

环所吸附，形成偶极-π 构象。从吲哚环表面脱附的第二个 TNT 分子通过点对点的氢键转移到邻近的羟基上，形成 1 个羟基吲哚、2 个 TNT 分子的稳定构象[图 5-31(f)]。随后，吲哚环再次通过偶极-π 相互作用吸附第三个 TNT 分子，形成稳定的偶极-π 构象[图 5-31(h)]。此时，4-羟基吲哚表面对 TNT 的吸附达到饱和，最终形成 3 个 TNT 分子、1 个羟基吲哚的稳定构象，实现对 TNT 的快速高效吸附。吲哚环与 TNT 分子的偶极-π 相互作用能帮助相邻羟基及吲哚环上的亚氨基对 TNT 的吸附，使得吸附变得更快、更有效。

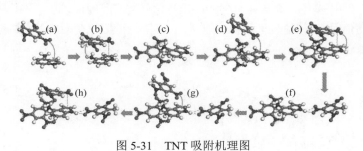

图 5-31 TNT 吸附机理图

5.3 吲哚基多功能气凝胶对水中 TNT 的吸附和检测研究

5.3.1 吲哚基多功能气凝胶的制备与表征

1. 吲哚基多功能气凝胶的制备

如图 5-32 所示，以 4-氨基吲哚和甲醛为原料，加入催化剂 Na_2CO_3，经过聚合反应和冷冻干燥，得到吲哚基多功能气凝胶 4-AING[6]。

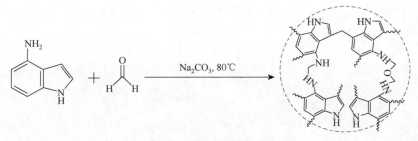

图 5-32 4-AING 的制备示意图

2. 4-AING 的表征

利用 FTIR 及 ^{13}C NMR 光谱对 4-AING 进行表征，结果见图 5-33。由 4-AING 的

FTIR 谱图[图 5-33(a)]可知，3398.4 cm^{-1} 处的峰归因于 N—H 基团的伸缩振动，2918.1 cm^{-1} 和 2845.3 cm^{-1} 处的峰归因于气凝胶网络中二氨基亚甲基（—NHCH$_2$NH—）和亚甲基（—CH$_2$—）的伸缩振动，1609.5 cm^{-1} 和 1489.0 cm^{-1} 处的峰归因于吲哚芳香环的骨架振动，1356.6 cm^{-1} 和 1265.9 cm^{-1} 两处的峰归因于 C—N 基团的伸缩振动[7]，1045.7 cm^{-1} 和 1089.2 cm^{-1} 两处的峰为 C—O—C 基团的特征吸收峰，733.4 cm^{-1} 处的峰为二氨基团的 N—H 基团的振动峰。图 5-33(b) 为 4-AING 的 ^{13}C NMR 谱图。150~100 ppm 处的峰归因于吲哚环的碳原子，68 ppm 以上的峰代表二氨基亚甲基醚碳原子，56 ppm 处的信号峰归因于二氨基亚甲基碳原子，32 ppm 处的信号峰归因于亚甲基碳原子。上述结果表明 4-AING 的结构与所提出的结构一致。

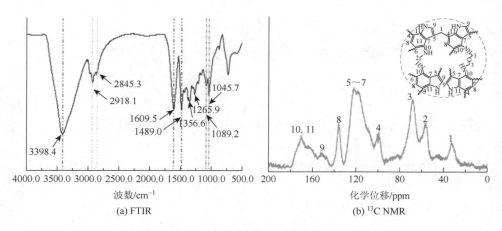

图 5-33　4-AING 的 FTIR 及 ^{13}C NMR 谱图

图 5-34 为 4-AING 的 SEM 图和 TEM 图，4-AING 具有由大量纳米颗粒堆叠而成的三维网络结构。此外，TEM 图进一步表明了 4-AING 的多孔结构，该结构有利于吸附 TNT。

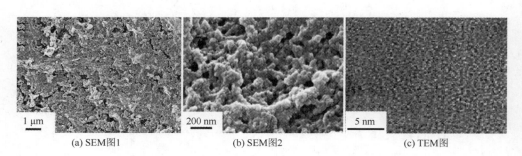

图 5-34　4-AING 的 SEM 图和 TEM 图

图 5-35（a）为 4-AING 的 N_2 等温吸脱附曲线，该曲线属于Ⅳ型的 H3 类回线，说明气凝胶中存在一定数量的中孔和大孔。当相对压力在 0.05~0.80 时，吸附量变化较小；当相对压力大于 0.80 时，样品的吸脱附量迅速提高；当相对压力小于 0.05 时，吸附量很低。4-AING 的比表面积为 101.7 m^2/g。BJH 模型分析得到的孔径分布曲线见图 5-35（b）。4-AING 的微孔尺寸大约为 1.9 nm，大量介孔分布在 2.5~8.5 nm。由图 5-35（c）可知，4-AING 在 2θ 为 21.3°附近有一个较弱的"馒头峰"，说明气凝胶在常温条件下呈无序非晶态。综上所述，4-AING 属于一种典型的多孔材料，其大量介孔及大孔的存在可以为进入的 TNT 分子提供足够的空间，利于 TNT 的吸附[8]。

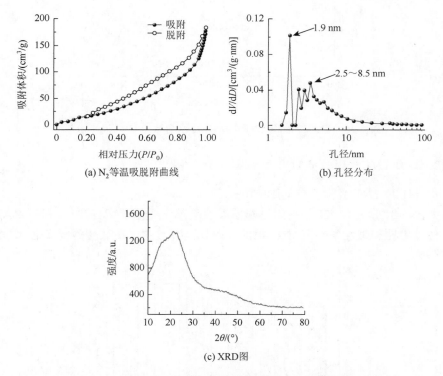

图 5-35　4-AING 的 N_2 等温吸脱附曲线及孔径分布和 XRD 图

5.3.2　4-AING 对 TNT 的吸附性能研究

1. TNT 吸附可能性探究

在水溶液中考察 4-AING 吸附 TNT 的可能性。在 298 K 下将 4-AING 加入含 TNT 的水溶液中进行吸附实验。以 Na_2SO_3 为络合剂，在室温下测定溶液的 UV-vis

光谱,如图 5-36 所示。加入 4-AING 后,TNT-Na_2SO_3 络合物的颜色从黄色变为无色,并且 415 nm 处的特征吸收峰强度显著降低,表明吸附后溶液中 TNT 的浓度下降,证明 4-AING 可吸附 TNT。

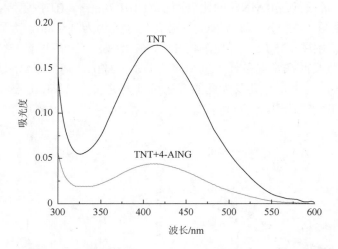

图 5-36　TNT 原液和 TNT+4-AING 水溶液的 UV-vis 光谱图

2. 影响 TNT 吸附性能的因素

1)pH 对 TNT 吸附性能的影响

如图 5-37 所示,TNT 的吸附量随着溶液酸碱度变化仅略有波动,表明 4-AING 在酸性、中性和碱性条件下对 TNT 的吸附均是有效的。在低酸碱度(pH<7)区

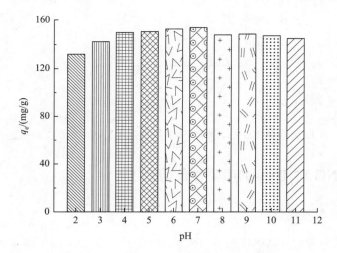

图 5-37　溶液 pH 对 TNT 吸附性能的影响

域，4-AING 的吸附能力相对较低，其原因是大量的 H^+ 与 4-AING 表面的吸附位点之间产生了氢键，从而抑制了 4-AING 与 TNT 的氢键。在高碱度（pH＞7）区域，4-AING 的吸附能力有所下降。在中性条件下，吸附量呈现最大值。吸附量的变化主要由 4-AING 中氨基的电离引起。氨基在酸性或碱性区域的离子化作用将破坏 TNT 和 4-AING 的电子供体-受体作用，导致吸附量减少。当溶液酸碱度接近中性时，4-AING 中氨基基团的离子化作用最弱，4-AING 和 TNT 之间的电子供体-受体作用逐渐变得最强，吸附量达到最大值。综上所述，4-AING 吸附 TNT 时溶液最优的 pH 为 7。

2）吸附时间对 TNT 吸附性能的影响

由图 5-38 可知，随着吸附时间的增加，TNT 的吸附量逐渐增加，最后达到吸附平衡，TNT 的饱和吸附量为 153.0 mg/g。在前 60 min 内，4-AING 对 TNT 的吸附非常迅速，吸附量达到饱和吸附量的 81.2%。480 min 后吸附量达到饱和值。相同条件下，达到吸附平衡的时间少于已报道的 TNT 吸附剂[9,10]。4-AING 对 TNT 实现快速吸附可能是因为吲哚具有相对较大的结合面积，4-AING 和 TNT 之间形成了点对面偶极-π 相互作用。随着时间的推移，TNT 分子从吲哚基团上脱附，并通过点对点的相互作用转移到相邻的氨基基团上，点对点的结合面积较小，因此需要较长时间达到吸附平衡。

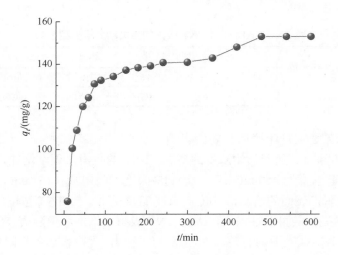

图 5-38 吸附时间对 4-AING 吸附 TNT 的影响

4-AING 对 TNT 吸附的动力学结果见图 5-39。表 5-6 为相关动力学模型参数，以及两个动力学模型获得的线性相关系数。PSO 动力学模型的 R^2 为 0.998，拟合度较高，计算所得吸附量为 150.6 mg/g，与实验值 153.0 mg/g 十分接近。PFO

动力学模型的 R^2 为 0.749，拟合度十分低，计算所得吸附量为 40.5 mg/g，与实验值相差较大。上述结果说明 PSO 动力学模型对 TNT 吸附的拟合效果更好。另外，颗粒内扩散曲线不是线性的，曲线没有穿过原点，表明颗粒内扩散不是吸附的主要控速步骤。综上，4-AING 对 TNT 的吸附是一个化学吸附过程，主要涉及偶极-π 相互作用和电子供体-受体作用，4-AING 和 TNT 活性中心之间的电子转移或共用为吸附速率控制步骤。

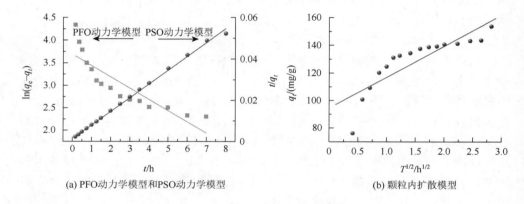

(a) PFO 动力学模型和 PSO 动力学模型　　(b) 颗粒内扩散模型

图 5-39　动力学模型和颗粒内扩散模型

表 5-6　4-AING 对 TNT 吸附的相关动力学模型参数

材料	$q_{e, exp}$/(mg/g)	PFO 动力学模型			PSO 动力学模型		
		k_1	$q_{e, cal}$/(mg/g)	R^2	k_2	$q_{e, cal}$/(mg/g)	R^2
4-AING	153.0	0.253	40.5	0.749	18.825	150.6	0.998

3）初始浓度对 TNT 吸附性能的影响

由图 5-40 可知，随着初始浓度的增加，TNT 的吸附量逐渐增加，但增幅逐渐减小。当 TNT 浓度为 450 mg/L 时，达到极限饱和吸附量（151.0 mg/g）。在吸附初始阶段，吸附剂表面的所有活性位点未被 TNT 占据。当 TNT 浓度增大时，TNT 与吸附剂表面碰撞的可能性增大，因此 TNT 吸附量增加。但随着 TNT 浓度的进一步增大，4-AING 表面的有效活性位点达到饱和，吸附量达到极限值。

3. 等温吸附

为了明确温度对吸附的影响，探讨温度与吸附量的关系。如图 5-41 所示，当温度为 298～338 K 时，随着温度的增加，TNT 吸附量也逐渐增加，说明高温有利于吸附。

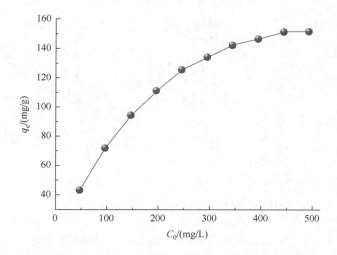

图 5-40 TNT 初始浓度对吸附的影响

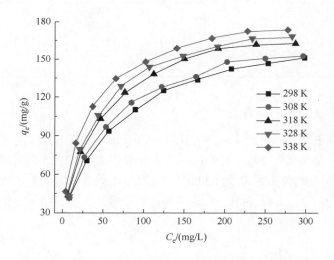

图 5-41 4-AING 对 TNT 的等温吸附曲线

为了评估 4-AING 吸附 TNT 的能力，考察 4-AING 对 TNT 的等温吸附模型，结果见图 5-42 及表 5-7。不同温度下，Freundlich 等温模型的 R^2 均低于 0.990，拟合效果不理想。K_F 为 20.6~34.4 时，与实验值差距较大。Langmuir 等温模型的 R^2 均高于 0.995，拟合效果较为理想。研究结果表明 TNT 在 4-AING 表面的吸附为均匀的单层吸附。不同温度下的 R_L 均在 0~1，说明吸附极易发生。当温度在 298~338 K 时，计算得到的最大吸附量从 168.6 mg/g 增加到 184.5 mg/g。4-AING 对 TNT 的最大吸附量高于目前已报道的 TNT 吸附剂[3,9]。因此，4-AING 是一种有效的 TNT 吸附剂。

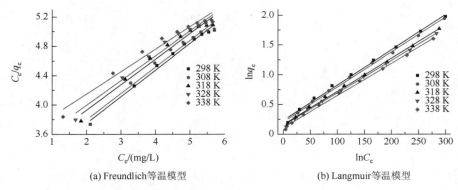

(a) Freundlich等温模型 　　　　　　(b) Langmuir等温模型

图 5-42　4-AING 对 TNT 吸附的等温模型

表 5-7　Freundlich 等温模型和 Langmuir 等温模型的特征参数

温度/K	Freundlich 等温模型			Langmuir 等温模型		
	n	K_F/(mg/g)	R^2	b	q_{max}/(mg/g)	R^2
298	0.362	20.6	0.986	0.0251	168.6	0.995
308	0.361	21.6	0.972	0.0280	170.4	0.996
318	0.347	25.4	0.971	0.0340	179.5	0.997
328	0.337	27.7	0.970	0.0375	182.5	0.997
338	0.305	34.4	0.967	0.0494	184.5	0.998

4. 吸附热力学

如图 5-43 和表 5-8 所示，不同温度下 Langmuir 等温模型的拟合效果均较好（$R^2 \geqslant 0.995$）。当温度在 298~338 K 时，平衡常数 K_e 从 1815 增加到 3136。$\ln K_e$ 与 T^{-1} 的线性拟合相关系数 R^2 为 0.980。每个温度下的 ΔG 均小于 0，说明吸附自发进行。吸附的 ΔH 为 11.4 kJ/mol，表明吸附过程中吸热。上述结果与实验事实相符。

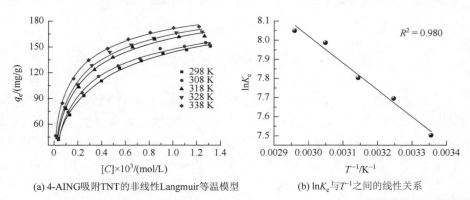

(a) 4-AING吸附TNT的非线性Langmuir等温模型　　(b) $\ln K_e$ 与 T^{-1} 之间的线性关系

图 5-43　4-AING 吸附 TNT 的非线性 Langmuir 等温模型和 $\ln K_e$ 与 T^{-1} 之间的线性关系图

[C]表示 TNT 在平衡时的物质的量浓度

表 5-8　4-AING 吸附 TNT 过程的 n、K_e、q_{max} 和 ΔG

温度/K	n	K_e	q_{max}/(mg/g)	ΔG/(kJ/mol)	R^2
298	0.619	1815	232.5	−18.6	0.997
308	0.693	2220	207.7	−19.7	0.996
318	0.685	2452	217.6	−20.6	0.995
328	0.675	2944	220.4	−21.8	0.996
338	0.617	3136	225.2	−22.6	0.998

5. 吸附循环

如图 5-44 所示，用丙酮简单处理后可以将吸附的 TNT 交换出来，4-AING 对 TNT 的吸附量在连续经过 3 次吸附-解吸循环后并没有出现明显的下降，在连续经过 7 次循环后 TNT 的回收率维持在 80%左右。解吸的原因是丙酮分子与 TNT 和 4-AING 产生竞争作用。丙酮分子中的羰基与 TNT 产生电子供体-受体作用。此外，丙酮分子中的羰基与吲哚环上的亚氨基之间具有较强的氢键。TNT 和 4-AING 之间的相互作用逐渐被替代，TNT 被重新释放到丙酮中。研究结果表明 4-AING 在 TNT 的预浓缩和回收方面具有潜在应用价值。

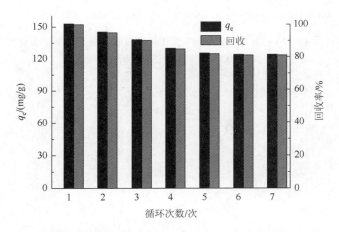

图 5-44　吸附量与吸附-解吸循环之间的关系图

6. 吸附机理

利用 UV-vis 光谱验证 4-AING 与 TNT 的电子供体-受体作用。如图 5-45(a) 所示，在 4-AING-TNT 的 UV-vis 光谱曲线上可以很容易地观察到 2 个新的吸收峰，分别位于 375 nm 和 520 nm 处，归因于 TNT 和 4-AING 的电子供体-受体作用[11]。

为了验证 4-AING 与 TNT 之间的电子供体-受体作用并非源自 TNT 与吲哚环上的亚氨基,进一步探讨 TNT 与 4-羟基吲哚(4-HIN)之间发生电子供体-受体作用的可能性。加入 TNT 后,4-HIN 溶液的颜色没有发生明显变化[图 5-45(b)]。与 4-HIN 和 TNT 相比,4-HIN-TNT 的光谱也没有出现任何新的吸收峰,表明它们之间不存在电子供体-受体作用。内插图为 4-AING 和 4-AING-TNT 的照片。由图可知,加入 TNT 后,4-AING 的颜色发生变化,其原因是 TNT 与 4-AING 中的仲氨基之间存在电子供体-受体作用。利用 FTIR 光谱验证氢键的形成:如图 5-46 所示,4-AING 中 N—H 的伸缩振动吸收峰从 3398.4 cm^{-1} 移动到 3386.6 cm^{-1},表明 4-AING 与 TNT 之间有氢键形成。

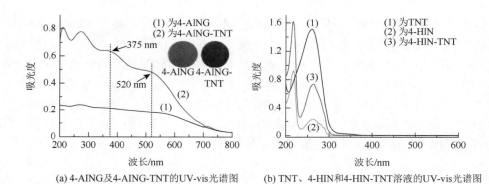

图 5-45 4-AING 及 4-AING-TNT 的 UV-vis 光谱图(内插图为相应的颜色变化图)和 TNT、4-HIN 及 4-HIN-TNT 溶液的 UV-vis 光谱图

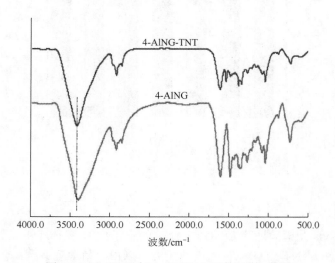

图 5-46 4-AING 与 4-AING-TNT 的 FTIR 谱图

采用 XPS 光谱进一步探讨 4-AING 和 4-AING-TNT 的化学组成,结果如图 5-47 所示。在 4-AING 的 XPS 谱图中,碳(C 1s,286.7 eV)、氮(N 1s,401.2 eV)和氧(O 1s,533.9 eV)的特征信号十分明显,表明 4-AING 被成功制备。吸附 TNT 后,碳和氮的结合能峰向低能方向移动,表明氨基和吲哚环都参与了吸附过程[12]。此外,从图 5-47(e)中可以看出,4-AING-TNT 的 N 1s XPS 光谱中出现了新峰(406.3 eV),属于硝基的特征峰[13]。因此,XPS 光谱进一步证实了 TNT 在 4-AING 表面的吸附。

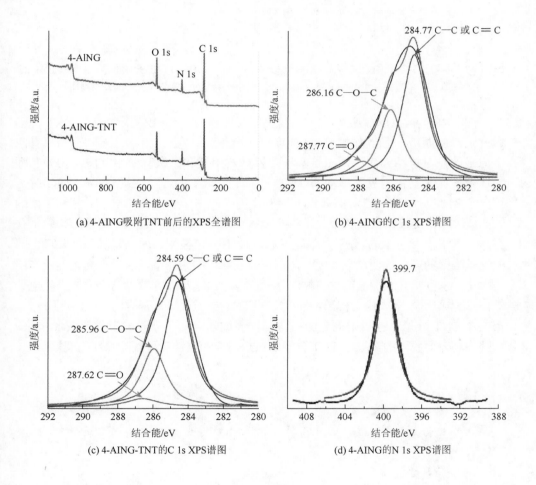

(a) 4-AING吸附TNT前后的XPS全谱图　　(b) 4-AING的C 1s XPS谱图

(c) 4-AING-TNT的C 1s XPS谱图　　(d) 4-AING的N 1s XPS谱图

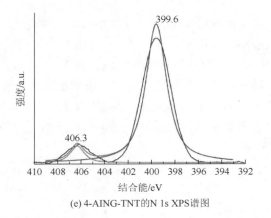

(e) 4-AING-TNT的N 1s XPS谱图

图 5-47 4-AING 吸附 TNT 前后的 XPS 全谱图、4-AING 的 C 1s XPS 谱图、4-AING-TNT 的 C 1s XPS 谱图、4-AING 的 N 1s XPS 谱图和 4-AING-TNT 的 N 1s XPS 谱图

图 5-48 为 4-AING 吸附 TNT 的机理图。由于结合面积相对较大，TNT 分子通过点对面偶极-π 相互作用可以快速地吸附到吲哚环上。相比之下，因为只有两个原子的点对点结合面积，二氨基（二氨基亚甲基和二氨基亚甲基醚基团）和吲哚环上的亚氨基很难吸附移动的 TNT 分子。当向 TNT 溶液中加入 4-AING 时，第一个 TNT 分子通过点对面偶极-π 相互作用吸附在一个富含 π 电子的吲哚基团的表面，形成稳定的偶极-π 构象[图 5-48（b）]，此时吸附速率较快。而吸附与脱附存在热力学平衡，当 TNT 分子发生脱附后，TNT 分子被相邻的二氨基和吲哚环上的亚氨基吸附的可能性便增加。因此，在相邻吲哚环的帮助下，由于距离相近及作用力大小，从吲哚环表面脱附的 TNT 分子首先与二氨基以点对点结合方式产生电子供体-受体作用，形成稳定构象，即脱附的 TNT 分子被二氨基吸附[图 5-48（c）]。第二个 TNT 分子靠近吸附剂表面后，同样会被吲哚环所吸附，形成偶极-π 构象。从吲哚环表面脱附的第二个 TNT 分子通过点对点的氢键转移到吲哚环的亚氨基上，

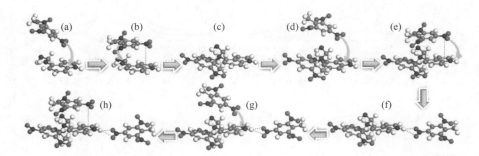

图 5-48 通过点对面偶极-π 相互作用和点对点电子供体-受体作用协同效应吸附 TNT 的过程

形成 1 个氨基吲哚、2 个 TNT 分子的稳定构象[图 5-48（f）]。随后，吲哚环再次通过点对面偶极-π 相互作用吸附第三个 TNT 分子，形成稳定的偶极-π 构象。此时，4-氨基吲哚表面对 TNT 的吸附达到饱和，最终形成 3 个 TNT 分子、1 个氨基吲哚的稳定构象，实现对 TNT 的快速高效吸附[图 5-48（h）]，即相邻吲哚环与 TNT 的点对面偶极-π 相互作用促进了 TNT 与二氨基的电子供体-受体作用，从而进一步提高了 4-AING 对 TNT 的吸附量。

7. 4-AING 对 TNT 的可视化检测

当与 TNT 溶液作用时，可以明显地观察到 4-AING 的颜色从浅棕色变为深棕色（图 5-49，彩图见附图 7）。为了探讨 4-AING 作为固体可视化传感器在水溶液中检测 TNT 的应用，使 4-AING 与不同浓度的 TNT 溶液进行反应。然后，用智能手机的相机采集 4-AING 的光学图像。最后，用 Adobe Photoshop 软件分析照片的颜色强度。随机选取照片的 5 个点来读取 RGB 分量。调整后的颜色强度 I 由式（5-1）计算获得。

$$I = 1 - \frac{I_R + I_G + I_B}{I_{rR} + I_{rG} + I_{rB}} \tag{5-1}$$

式中，I_R、I_G、I_B 和 I_{rR}、I_{rG}、I_{rB} 分别为与 TNT 反应前后 4-AING 的 RGB 分量强度。

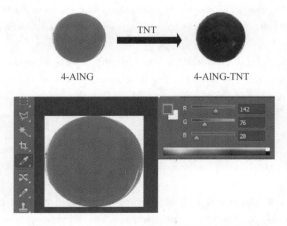

图 5-49　由 4-AING 图像获得的 RGB 强度

当吸附不同量的 TNT 时，4-AING 的颜色逐渐改变（图 5-50，彩图见附图 8）。TNT 的吸附量与 I 呈线性关系，范围为 42.8~156.0 mg/g。在信噪比为 3 时，检出限为 2.9 mg/g。研究结果表明，4-AING 有望成为在水环境中能同时检测和去除 TNT 的潜在候选材料。

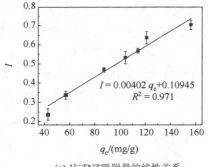 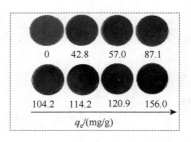

(a) I 与 TNT 吸附量的线性关系　　(b) 4-AING 吸附不同量的 TNT 时的颜色变化

图 5-50　I 与 TNT 吸附量的线性关系及 4-AING 吸附不同量的 TNT 时的颜色变化图

参 考 文 献

[1] Marinović V，Ristić M，Dostanić M. Dynamic adsorption of trinitrotoluene on granular activated carbon. Journal of Hazardous Materials，2005，117（2）：121-128.

[2] Fu D，Zhang Y H，Lv F Z，et al. Removal of organic materials from TNT red water by Bamboo Charcoal adsorption. Chemical Engineering Journal，2012，193-194：39-49.

[3] An F Q，Gao B J，Feng X Q. Adsorption of 2, 4, 6-trinitrotoluene on a novel adsorption material PEI/SiO$_2$. Journal of Hazardous Materials，2009，166（2-3）：757-761.

[4] Li J，Zhou Q X，Li M，et al. Monodisperse amino-modified nanosized zero-valent iron for selective and recyclable removal of TNT：synthesis，characterization，and removal mechanism. Journal of Environmental Sciences，2021，103：69-79.

[5] Wang Y，Zhang L，Yang L，et al. A recyclable indole-based polymer for trinitrotoluene adsorption via the synergistic effect of dipole-π and donor-acceptor interactions. Polymer Chemistry，2019，10（34）：4632-4636.

[6] Wang Y，Zhang L，Yang L，et al. An indole-based smart aerogel for simultaneous visual detection and removal of trinitrotoluene in water via synergistic effect of dipole-π and donor-acceptor interactions. Chemical Engineering Journal，2020，384：123358.

[7] Baraka A，Hall P J，Heslop M J. Melamine-formaldehyde-NTA chelating gel resin：synthesis，characterization and application for copper（Ⅱ）ion removal from synthetic wastewater. Journal of Hazardous Materials，2007，140（1-2）：86-94.

[8] Choi J S，Koduru J R，Lingamdinne L P，et al. Effective adsorptive removal of 2, 4, 6-trinitrotoluene and hexahydro-1, 3, 5-trinitro-1, 3, 5-triazine by pseudographitic carbon：kinetics，equilibrium and thermodynamics. Environmental Chemistry，2018，15（2）：100-112.

[9] An F Q，Feng X Q，Gao B J. Adsorption mechanism and property of a novel adsorption material PAM/SiO$_2$ towards 2, 4, 6-trinitrotoluene. Journal of Hazardous Materials，2009，168（1）：352-357.

[10] Zhuo X R，Luo X G，Lin X Y，et al. Lignin-quaternary adsorbent：synthesis，characterization and application for 2, 4, 6-trinitrotoluene（TNT）adsorption. Materials Science Forum，2009，620-622：117-120.

[11] Cao X H，Zhao N，Lv H T，et al. Strong blue emissive supramolecular self-assembly system based on

naphthalimide derivatives and its ability of detection and removal of 2, 4, 6-trinitrophenol. Langmuir, 2017, 33 (31): 7788-7798.
[12] Geneste F, Cadoret M, Moinet C, et al. Cyclic voltammetry and XPS analyses of graphite felt derivatized by non-Kolbe reactions in aqueous media. New Journal of Chemistry, 2002, 26 (9): 1261-1266.
[13] Nielsen J U, Esplandiu M J, Kolb D M. 4-Nitrothiophenol SAM on Au (111) investigated by in situ STM, electrochemistry, and XPS. Langmuir, 2001, 17 (11): 3454-3459.

第 6 章 吲哚基多孔聚合物在其他环境污染物吸附方面的应用

6.1 碱化 4-羟基吲哚-甲醛气凝胶对阳离子染料的吸附性能研究

染料污染主要来源于纺织、印染等行业产生的印染废水,若直接排入自然水体,会对人类生活和生态环境造成极大危害,因此如何有效处理工业废水中的染料是一个重要且具有挑战性的课题。与其他方法相比,吸附法由于具有成本低、易操作、设计简单、对底物不敏感等优点而被广泛采纳[1]。近些年,气凝胶由于具有轻质、多孔、比表面积高等优点而作为一类优异的吸附剂受到大量研究者的青睐[2,3]。目前已报道的大多数气凝胶需要经历成本高、耗时长的超临界干燥甚至高温碳化等烦琐的制备过程,本章选用成本低的吲哚基单体,采用一步聚合、常压干燥和碱化处理法,制备碱化的吲哚基气凝胶,并对其结构、对染料的吸附行为和吸附机理等进行探讨。

6.1.1 碱化 4-羟基吲哚-甲醛气凝胶的制备与表征

1. 4-羟基吲哚-甲醛气凝胶的制备

如图 6-1 所示,以 4-羟基吲哚和甲醛为原料,加入催化剂 Na_2CO_3,经过一步聚合反应和常压干燥得到 4-羟基吲哚-甲醛(4-HIF)气凝胶[4]。

2. 碱化 4-羟基吲哚-甲醛气凝胶的制备

将得到的 4-HIF 气凝胶经 NaOH 处理后,得到碱化 4-羟基吲哚-甲醛(4-HIF/NaOH)气凝胶。

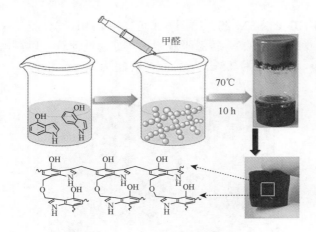

图 6-1 4-HIF 的合成路线

3. 4-HIF 的表征

利用 FTIR 和 ^{13}C NMR 光谱对 4-HIF 的结构进行表征。图 6-2（a）为 4-HIF 的 ^{13}C NMR 谱图，147 ppm 处的峰归属于被羟基取代的吲哚环上的碳原子的吸收峰，155～98 ppm 处的宽峰归属于吲哚环上的碳原子，68 ppm 处的小峰对应 CH_2—O—CH_2 醚桥上的碳原子，25 ppm 处的峰对应不同类型的—CH_2—桥的碳原子。图 6-2（b）为 4-HIF 的 FTIR 谱图，3404 cm^{-1} 处的峰为 4-羟基吲哚上 O—H 和 N—H 的伸缩振动峰，2923 cm^{-1} 处的峰归属于典型的—CH_2—单元的伸缩振动峰，1244 cm^{-1} 处的峰为亚甲基醚桥的 CH_2—O—CH_2 伸缩振动峰，1633 cm^{-1} 处的峰为芳香环骨架的伸缩振动峰。上述结果表明所得产物与预期一致，证实 4-HIF 被成功制备。

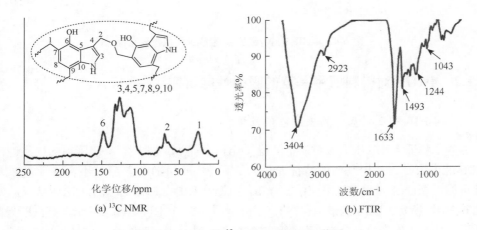

(a) ^{13}C NMR

(b) FTIR

图 6-2 4-HIF 的 ^{13}C NMR 和 FTIR 谱图

图 6-3 为 4-HIF 的 SEM 图。由图 6-3 可知，4-HIF 气凝胶具有明显的三维网络结构。图 6-4 为 4-HIF 的 N_2 等温吸脱附曲线。通过计算可以得出 4-HIF 的比表面积为 130 m^2/g，孔体积为 2.5 cm^3/g，平均孔径为 46 nm。

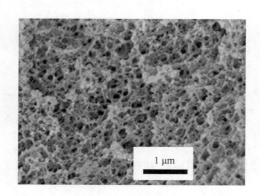

图 6-3 4-HIF 的 SEM 图

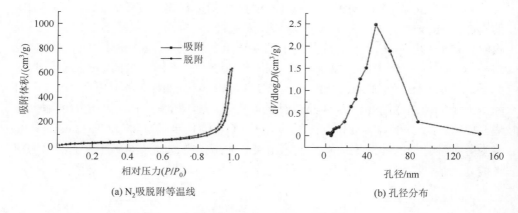

图 6-4 4-HIF 的 N_2 吸脱附等温线及孔径分布图

6.1.2 4-HIF 对染料亚甲基蓝的吸附性能研究

1. 4-HIF 对亚甲基蓝的吸附可能性探究

为了验证 4-HIF 气凝胶对亚甲基蓝（MB）是否成功吸附，对吸附后的样品进行 EDS 能谱表征。亚甲基蓝的特征元素为 S 元素，而 4-HIF 气凝胶不含 S 元素，因此可通过表征 S 元素在气凝胶中的分布，判断 4-HIF 气凝胶对 MB 的吸附情况。如图 6-5(a) 所示，EDS 能谱中存在 S 元素的特征峰。如图 6-5(b) 所示，亮斑即为 S 元素，且 S 元素密集地分布在气凝胶结构内部，进一步证明 MB 确实被 4-HIF 吸附。

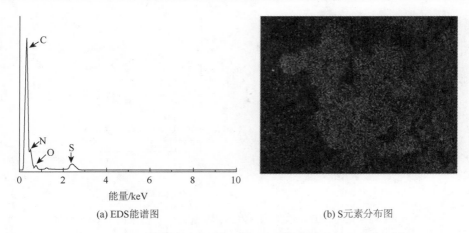

图 6-5　4-HIF 气凝胶吸附 MB 后的 EDS 能谱图和 S 元素分布图

2. 4-HIF 基微型水净化装置

将填充了 4-HIF 且孔径为 0.45 μm 的聚醚砜微孔滤膜与注射器组成微型水净化装置，然后直观观察 4-HIF 气凝胶对 MB 溶液的净化过程。如图 6-6(a) 所示，挤压注射器的过程中 MB 被快速吸附在气凝胶内部，挤出的是经过纯化处理的水。图 6-6(b) 和图 6-6(c) 分别为过滤前后溶液的 UV-vis 光谱图，过滤后的溶液无 MB 的特征吸收峰，说明 MB 被 4-HIF 气凝胶完全吸附。综上所述，该气凝胶可以快速方便地去除 MB。

(a) 连续过滤MB溶液的照片

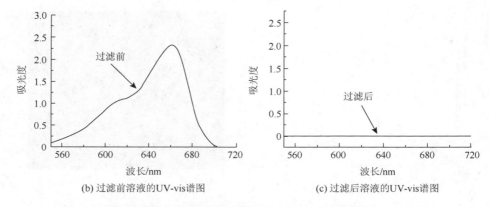

(b) 过滤前溶液的UV-vis谱图　　　　(c) 过滤后溶液的UV-vis谱图

图 6-6　连续过滤 MB 溶液的照片及过滤前和过滤后溶液的 UV-vis 谱图

3. pH 对 MB 吸附性能的影响

溶液的 pH 对吸附材料的表面特性有重要影响。图 6-7（a）为 4-HIF/NaOH 在不同 pH 下的 Zeta 电位。4-HIF/NaOH 溶液的 pH 从 2 增大为 5 的过程中，Zeta 电位从−27 mV 降低到−48 mV；4-HIF/NaOH 溶液的 pH 继续增大，Zeta 电位变化较小。图 6-7（b）为不同 pH 对 MB 吸附量的影响。由图 6-7（b）可知，平衡吸附量随 pH 的增大而增加，在 pH 为中性时平衡吸附量为 938.6 mg/g，在 pH 为 10 时平衡吸附量高达 1284.1 mg/g。MB 在水溶液中会自动电离出 MB 阳离子（MB^+），在酸性溶液中，体系中过量的 H^+ 会和 MB^+ 竞争活性位点，不利于 MB^+ 和活性位点的结合。相反，当体系 pH 增大时，H^+ 的竞争已经微不足道，过量 OH^- 的存在将提供更多的活性位点，从而使平衡吸附量迅速上升。

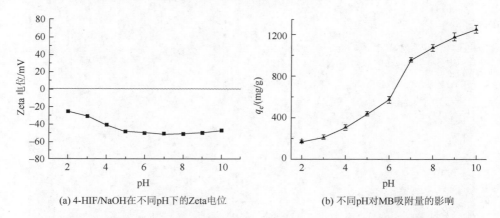

(a) 4-HIF/NaOH在不同pH下的Zeta电位　　　　(b) 不同pH对MB吸附量的影响

图 6-7　4-HIF/NaOH 在不同 pH 下的 Zeta 电位和不同 pH 对 MB 吸附量的影响

图 6-8（a）为吸附量随时间变化的曲线，由图 6-8（a）可知，在最开始的 2 h

内,吸附量迅速上升,并达到 814.3 mg/g,8 h 后缓慢达到吸附平衡。图 6-8(b)(彩图见附图 9)为吸附过程中 MB 颜色变化对比图,可知 MB 颜色逐渐变浅。图 6-8(c)和表 6-1 为 4-HIF/NaOH 的动力学模拟结果。由图 6-8(c)和表 6-1 可知,PSO 动力学模型的相关系数($R^2 = 0.994$)明显大于 PFO 动力学模型的相关系数($R^2 = 0.966$),说明 4-HIF/NaOH 气凝胶对 MB 的吸附更符合 PSO 动力学模型,并且阳离子染料 MB 与 4-HIF/NaOH 气凝胶活性位点的化学作用为控速步骤。

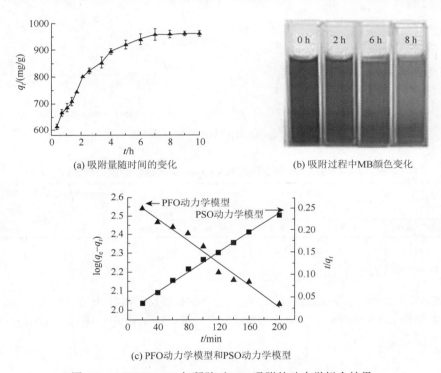

(a) 吸附量随时间的变化

(b) 吸附过程中MB颜色变化

(c) PFO动力学模型和PSO动力学模型

图 6-8 4-HIF/NaOH 气凝胶对 MB 吸附的动力学拟合结果

表 6-1 4-HIF/NaOH 对 MB 吸附的相关动力学参数

材料	PFO 动力学模型			PSO 动力学模型		
	k_1	$q_{e,cal}$/(mg/g)	R^2	k_2	$q_{e,cal}$/(mg/g)	R^2
4-HIF/NaOH	0.0067	961.4	0.966	0.0000671	909.1	0.994

4. 等温吸附

图 6-9 为 4-HIF/NaOH 气凝胶吸附 MB 的等温模型拟合结果图,拟合结果符合 Langmuir 等温模型。根据表 6-2 中的相关系数 R^2,MB 的 Langmuir 等温模型相关系数为 0.999,远高于 Freundlich 等温模型的 R^2(0.833),表明染料分子被均

匀地以单层吸附的方式吸附在该材料表面。根据 Langmuir 等温模型计算出的最大吸附量为 1016.9 mg/g。

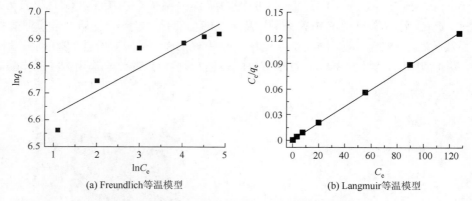

(a) Freundlich 等温模型　　　　(b) Langmuir 等温模型

图 6-9　4-HIF/NaOH 吸附 MB 的等温模型拟合结果

表 6-2　Freundlich 等温模型和 Langmuir 等温模型的特征参数

材料	Freundlich 等温模型			Langmuir 等温模型		
	K_F	$1/n$	R^2	q_{max}/(mg/g)	k_L/(L/mg)	R^2
4-HIF/NaOH	686.6	0.08757	0.833	1016.9	0.8939	0.999

5. 吸附热力学

4-HIF/NaOH 气凝胶吸附 MB 的热力学参数根据范特霍夫方程计算得出，拟合结果如图 6-10 和表 6-3 所示。ΔH 为正值，说明吸附过程中吸热，ΔG 为负值，说明吸附自发进行。

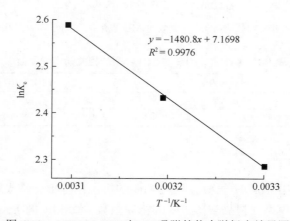

图 6-10　4-HIF/NaOH 对 MB 吸附的热力学拟合结果图

表 6-3 4-HIF/NaOH 吸附 MB 过程的 q_e、ΔG、ΔH 和 ΔS

温度/K	q_e/(mg/g)	ΔG/(kJ/mol)	ΔH/(kJ/mol)	ΔS/[J/(mol·K)]
303	968.8	−5.757	12.311	59.609
313	1019.1	−6.345	—	—
323	1075.4	−6.951	—	—

6. 吸附选择性

为了研究 4-HIF/NaOH 气凝胶的吸附选择性，以典型的阴离子染料甲基橙（MO）和阳离子染料甲苯（MB）等浓度混合液作为实验对象，所得结果如图 6-11（彩图见附图 10）所示。664 nm 处的峰为 MB 的吸收峰，463 nm 处的峰为 MO 的吸收峰，随着时间的延长，可明显观察到 MB 的吸收峰明显降低，说明体系中 MB 的浓度逐渐下降。相反，MO 的吸收峰只有十分微弱的降低，相比 MB，几乎可以忽略不计。60 min 后，MB 的去除率高达 92.6%，同时，溶液由绿色变为橙色，说明 4-HIF/NaOH 气凝胶具有良好的吸附选择性。4-HIF/NaOH 气凝胶对阳离子染料具有强烈的静电吸引作用，而对阴离子染料具有较强的静电排斥作用，因此其对阴离子染料的吸附量较低。

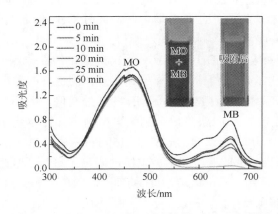

图 6-11 吸附 MO 和 MB 混合液的 UV-vis 光谱图

7. 吸附循环

染料的脱附对于吸附剂的循环利用有重要意义。4-HIF/NaOH 气凝胶在无水乙醇中可以实现部分脱附，在加入 0.1 mol/L HCl 且加热的条件下，染料在 5 min 后可彻底脱附。酸的加入会破坏氢键，从而进一步破坏静电作用，使得大量 MB 被释放出来，随后由于染料分子和乙醇分子之间的作用力较强，其迅速被体系中的乙醇夺出释放出来。脱附后的 4-HIF/NaOH 气凝胶经过滤后，用 0.5 mol/L NaOH

再次处理,可得到 4-HIF/NaOH 气凝胶。如图 6-12 所示,经过 5 次循环使用后,4-HIF/NaOH 对 MB 的吸附量仍能达到最大吸附量的 75%以上,说明该材料在温和的条件下具有良好的可回收性。

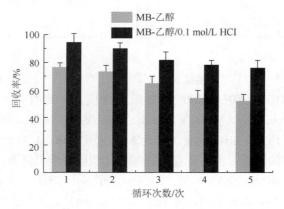

图 6-12　4-HIF/NaOH 气凝胶的回收率

8. 吸附机理

图 6-13 为吸附机理示意图,Na^+和吲哚环通过阳离子-π 相互作用结合,π 电子云向 Na^+偏移,使吲哚环产生部分缺电子,此时 OH^-的氧原子可以和吲哚中的—NH—形成氢键,使得吲哚环上的缺电子得到补偿,利于 Na^+-吲哚-OH^-复合物稳定存在。此时带负电荷的 OH^-暴露在体系的外面,活性位点可以和阳离子染料形成强烈的静电作用,此过程称为阳离子-π 相互作用诱导的静电作用。图 6-14 展示了 4-HIF/NaOH 气凝胶吸附 MB 前后 MB 的红外变化。吸附前样品在 3422 cm^{-1} 处的宽吸收峰和在 1632 cm^{-1} 处的峰分别为典型的 N—H 伸缩振动峰和弯曲振动峰;吸附后这两个峰分别移至 3403 cm^{-1} 和 1596 cm^{-1} 处,与 MB 芳香环骨架振动峰重叠,表明与吲哚环上的亚氨基形成氢键的阴离子参与了吸附过程。吲哚上羟基的 pK_a 为 10.68,在用 0.5 mol/L NaOH 处理时,OH^-易形成—O^-基团,干燥的样品中—O^-基团与 Na^+以钠盐的形式结合。当将 4-HIF/NaOH 气凝胶加入含 MB 的水溶液中时,其和 Na^+产生离子交换,—O^-基团可和染料正离子产生静电作用,强烈吸附阳离子染料。由于 MB 分子是具有芳香环骨架的理想平面分子,并且 4-HIF/NaOH 气凝胶网络结构中也含有丰富的芳香环,因此在 MB 分子和 4-HIF/NaOH 气凝胶网络之间可以发生 π-π 相互作用。吸附后样品中代表 MB 芳香环骨架振动的特征吸附峰从 825 cm^{-1}、881 cm^{-1} 和 1591 cm^{-1} 处分别移动到 828 cm^{-1}、883 cm^{-1} 和 1596 cm^{-1} 处,进一步证实了 π-π 堆积作用的存在。总之,利用 4-HIF/NaOH 气凝胶去除阳离子染料的过程中,阳离子-π 相互作用诱导了静电作用,而静电作用和 π-π 相互作用的协同效应起着关键作用。

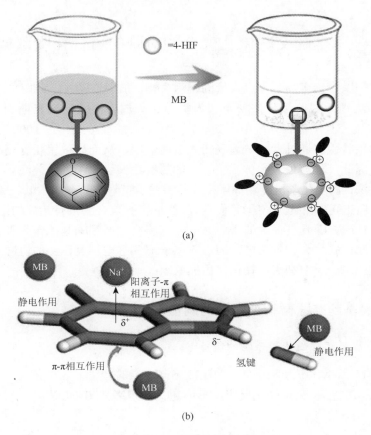

图 6-13 吸附机理示意图

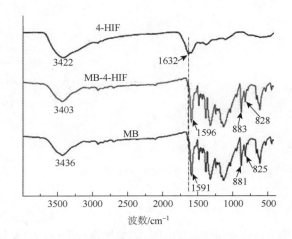

图 6-14 4-HIF/NaOH 气凝胶吸附 MB 前后和 MB 的 FTIR 谱图

6.2 吲哚基超交联微孔聚合物对碘的可视化吸附研究

核泄漏和医疗废弃物会产生大量的碘污染物,放射性碘(^{129}I 和 ^{131}I)对水体和空气的污染严重威胁了生态安全和人类健康。放射性碘的半衰期为 2.3 s 至 $1.57×10^7$ 年,一旦扩散到环境中,其放射性污染可能会持续超过 1000 万年[5,6]。另外,人的甲状腺能通过食物链途径摄入放射性碘,从而导致甲状腺癌发病率大幅度增高。因此,如何处理水体和空气中的放射性碘引起了广泛关注。碘分离主要采用吸附法,以及化学沉淀和离子交换等方法。吸附法具有成本低、操作简便、效率高和吸附剂可循环重复使用等优点。超交联微孔聚合物拥有超高的比表面积,在吸附挥发性碘方面具有很大的潜力[7,8]。本节将富电子吲哚基团作为吸附活性位点引入超交联微孔聚合物骨架中,通过阳离子-π 和静电相互作用的协同效应,使用智能手机在水介质中利用可视化比色提取碘。

6.2.1 吲哚基超交联微孔聚合物的制备与表征

1. 吲哚基超交联微孔聚合物的制备

如图 6-15 所示,三吲哚单体(TIBB)在 $FeCl_3$ 的催化下,与交联剂二甲氧基甲烷(FDA)发生傅-克烷基化反应,形成超交联网络 PTIBBL[9]。

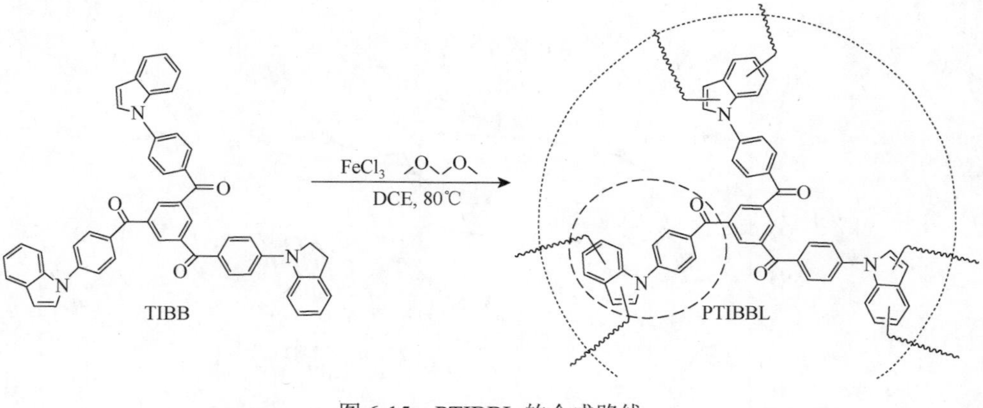

图 6-15 PTIBBL 的合成路线

2. PTIBBL 的表征

利用 FTIR 和 ^{13}C NMR 光谱对 PTIBBL 的结构进行表征。图 6-16(a)为 PTIBBL 的 FTIR 谱图,2823 cm^{-1} 处的峰归属于—CH_2—的伸缩振动峰,1658 cm^{-1} 和

1599 cm^{-1}处的强峰分别对应于C=O和C—N的伸缩振动峰。图6-16(b)为PTIBBL的^{13}C NMR谱图，200~180 ppm处的峰归属于羧基，150~100 ppm范围的共振峰归属于苯环和吲哚环上的C原子，40~25 ppm处的峰为亚甲基的特征峰。上述结果表明所得产物与预期一致，证实PTIBBL被成功制备。

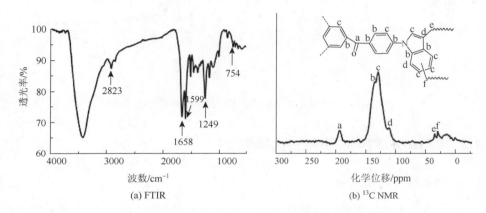

图6-16 PTIBBL的FTIR及^{13}C NMR谱图

图6-17为PTIBBL的SEM图和TEM图。由图6-17可知，制备的PTIBBL由纳米级小颗粒组成，材料中存在纳米级的微孔。

图6-17 PTIBBL的SEM图和TEM图

图6-18为PTIBBL的N_2等温吸脱附曲线和孔径分布图。PTIBBL的N_2等温吸脱附曲线属于Type-Ⅰ型和Type-Ⅳ型的混合型曲线，表明该材料中同时含微孔和介孔。PTIBBL孔径主要分布在1.28~1.85 nm，有部分孔径分布在2~5 nm。材料的比表面积为399.142 m^2/g。

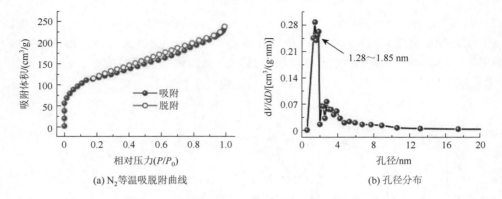

(a) N_2等温吸脱附曲线 (b) 孔径分布

图 6-18　PTIBBL 的 N_2 等温吸脱附曲线和孔径分布图

6.2.2　PTIBBL 对碘的吸附性能研究

1. 碘吸附可能性探究

由于碘在水溶液中的溶解度非常低，所以将 I_2 与 NaI 同时溶解到水溶液中，由此在水溶液中会产生黄色的 I_3^-，加大碘的溶解性。在水溶液中仔细研究 PTIBBL 吸附碘的可能性。在室温下将 PTIBBL 微孔材料置于碘浓度为 100～500 mg/L 的水溶液中，48 h 后碘溶液的颜色逐渐从橙色变为浅黄色或无色。研究结果表明，溶液中的碘不断与吸附活性位点作用，大量的碘被封装在吲哚聚合物网络中，所以溶液颜色会逐渐变浅。

图 6-19 为 PTIBBL 吸附碘后的 XPS 光谱图，聚合物网络中同时存在 I_2 和 I_3^-，这是因为脱离了水溶液环境后，I_3^- 极不稳定，容易分解成 I_2，所以聚合物网络中存在部分 I_2。XPS 光谱图进一步证明 PTIBBL 具有捕获水溶液中 I_3^- 的能力。

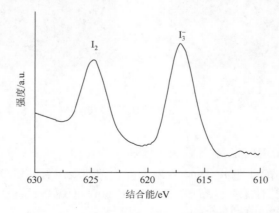

图 6-19　PTIBBL 吸附碘后的 XPS 光谱图

2. 影响碘吸附性能的因素

1) 吸附时间和温度对碘吸附性能的影响

由图 6-20 可知,PTIBBL 对碘的吸附量在最初的 30 min 内迅速增加,随后缓慢增加,在大约 390 min 时达到吸附平衡,平衡吸附量为 401.68 mg/g。随着温度的升高,PTIBBL 的吸附量也在增加,表明该吸附过程是吸热过程。

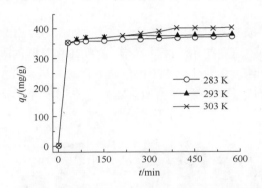

图 6-20　吸附时间对 PTIBBL 吸附碘的影响

图 6-21 和表 6-4 为 PTIBBL 的动力学模拟结果。拟合结果表明,该吸附过程更符合 PSO 动力学模型。PFO 动力学模型和 PSO 动力学模型拟合结果见表 6-4。

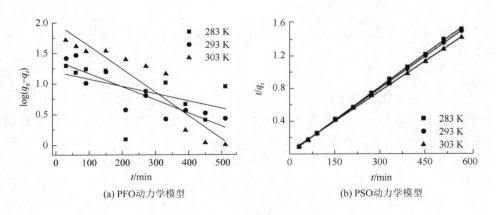

(a) PFO动力学模型　　(b) PSO动力学模型

图 6-21　PTIBBL 吸附碘的动力学模拟结果

表 6-4　PTIBBL 对碘吸附的相关动力学参数

温度/℃	$q_{e,exp}$/(mg/g)	PFO 动力学模型			PSO 动力学模型		
		q_e/(mg/g)	k_1/min^{-1}	R^2	q_e/(mg/g)	k_1/[g/(mg·min)]	R^2
10	373.75	15.49	0.00253	0.1628	370.74	8.07×10^{-4}	0.9996
20	380.29	23.54	0.00484	0.7500	381.68	6.19×10^{-4}	0.9999
30	401.68	98.49	0.00852	0.8579	408.16	2.07×10^{-4}	0.9992

2）初始浓度对碘吸附性能的影响

由图 6-22 可知，随着初始浓度的递增，PTIBBL 对碘的吸附量也增加。特别是在 100 mg/L 的低浓度条件下，PTIBBL 的吸附量高达 400.2 mg/g，碘的去除率为 90.7%，说明该材料具有优异的碘捕获能力。

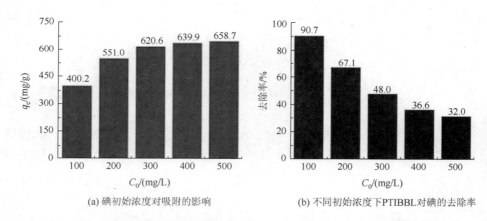

(a) 碘初始浓度对吸附的影响　　(b) 不同初始浓度下PTIBBL对碘的去除率

图 6-22　碘初始浓度对吸附的影响和不同初始浓度下 PTIBBL 对碘的去除率

3. 等温吸附

为了评估 PTIBBL 吸附碘的能力，探讨其吸附等温线，结果如图 6-23 所示。随着溶液浓度的增大，吸附量逐渐增大，到一定程度时趋于饱和。通过对曲线进行 Langmuir 等温模型[图 6-24（a）]和 Freundlich 等温模型[图 6-24（b）]拟合，探讨对应的吸附类型。从图 6-24 中可以看出，该吸附过程符合 Langmuir 等温模型，即吸附为吸附剂表面的单分子层吸附。由表 6-5 的拟合结果可知，Langmuir 等温模型的线性相关系数（$R^2=0.9994$）高于 Freundlich 等温模型的线性相关系数（$R^2=0.9734$），表明 Langmuir 等温模型可以更好地拟合吸附实验数据。根据 Langmuir 等温模型计算得到的最大碘吸附量为 666.7 mg/g，与实验数据（663.16 mg/g）相吻合。

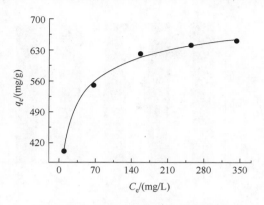

图 6-23 PTIBBL 对碘的等温吸附曲线

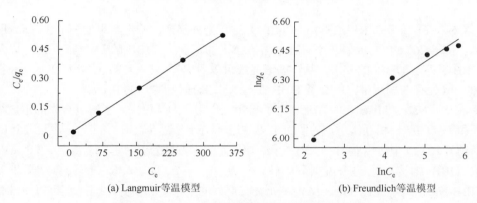

图 6-24 PTIBBL 对碘吸附的等温模型拟合结果

表 6-5 Freundlich 等温模型和 Langmuir 等温模型的特征参数

材料	Freundlich 等温模型			Langmuir 等温模型		
	$1/n$	K_F	R^2	b	q_{max}/(mg/g)	R^2
PTIBBL	0.138	299.5	0.9734	0.098	666.7	0.9994

4. 吸附循环

由图 6-25 可知，吸附在 PTIBBL 上的碘可在乙醇中去除，经过 5 次回收处理的样品仍然显示出与原始样品几乎相同的吸附行为，表明 PTIBBL 可以重复使用，不存在二次污染问题。

5. 吸附机理

为了进一步阐明 PTIBBL 和 I_2 之间的相互作用机理，在实验中用 NaI 溶液对

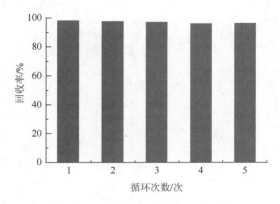

图 6-25　PTIBBL 对碘的吸附循环

1,3,5-三-(4-吲哚基苯甲酰基)苯（TIBB）进行紫外滴定，滴定结果如图 6-26（a）所示。图 6-26（a）展示了在不存在和存在 Na^+ 的情况下 TIBB 的 UV-vis 光谱，以及 TIBB-Na^+ 与 TIBB 的差谱。从该差谱曲线可以看出样品在 228 nm 处存在负带和在 257 nm 处存在弱正带，反映了 TIBB 在与 Na^+ 络合时吲哚环的 Bb 吸收有一个小的红移，表明 Na^+ 与 TIBB 之间存在阳离子-π 相互作用。为了更深入了解复合物的形成机理和主要的结合相互作用，使用 DFT 方法进一步计算边界轨道的能级。从图 6-26（b）和图 6-26（c）中可以看出，TIBB-Na^+ 结构单元的未占据分子轨道（E_{LUMO} = −3.61 eV）比 TIBB 结构单元的未占据分子轨道（E_{LUMO} = −2.32 eV）低，而计算结果表明 TIBB-Na^+ 结构单元比 TIBB 结构单元具有更高的电子亲和能力，因此 I_3^- 可以将部分电荷转移至缺电荷的 TIBB-Na^+ 结构单元。另外，由于酮在电子传输中具有特殊作用，可通过静电作用促进 PTIBBL 上碘的捕获。

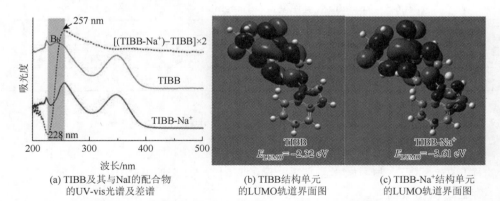

图 6-26　TIBB 及其与 NaI 的配合物的 UV-vis 光谱及差谱以及 TIBB 结构单元和 TIBB-Na^+ 结构单元的 LUMO 轨道界面图

（a）中 Bb 表示吲哚中的 Bb 带，2 表示 TIBB-Na^+ 的紫外光谱减去 TIBB 的紫外光谱所得到的差谱数值乘以 2，得到最终的曲线

6. 可视化吸附检测

由于 I_2 浓度与水溶液的颜色直接相关,可使用智能手机采集相应的光学图像,并应用图像中的 RGB 成分变化来定量测定碘,研究检测系统对不同浓度碘的比色响应。图 6-27(a)展示了不同浓度碘溶液的样品。图 6-27(b)为碘浓度的对数和碘溶液颜色强度的线性关系曲线图,可通过该曲线定量检测吸附的碘的含量。

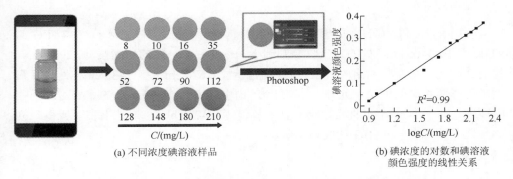

(a) 不同浓度碘溶液样品

(b) 碘浓度的对数和碘溶液
颜色强度的线性关系

图 6-27 检测系统对不同浓度碘的比色响应(彩图见附图 11)

6.3 可回收羟基功能化聚吲哚凝胶对 NaOH 的可视化吸附研究

核工业的发展和核武器的实验产生了大量的放射性液体废弃物,这些废弃物大部分呈现高度碱性(pH>13),因此需要开发能去除碱性羟基阴离子(OH^-)的有效方法来降低水溶液酸碱度。但到目前为止,关于通过吸附 OH^- 来调节水溶液酸碱度的报道很少。因此,设计和制备材料来有效控制水溶液的酸碱度对于处理放射性废弃物很重要[10]。作为一种新型的功能性智能材料,凝胶能可逆地溶胀和去溶胀,表现出特定的刺激响应,如温度、酸碱度和离子强度。因此,凝胶广泛应用在生物医学领域,如用作药物载体、可吸收缝线和自修复材料[11]。本节将介绍如何合成 4-羟基吲哚凝胶(4-HIG),以及如何通过协同阳离子-π 相互作用和氢键来提取 OH^-。

6.3.1 羟基功能化聚吲哚凝胶的制备与表征

1. 4-HIG 的制备

如图 6-28 所示,以 4-羟基吲哚(4-HI)和甲醛(HCHO,质量分数为 37%)水溶液为原料,加入催化剂 Na_2CO_3,制成紫红色的 4-HIG[12]。

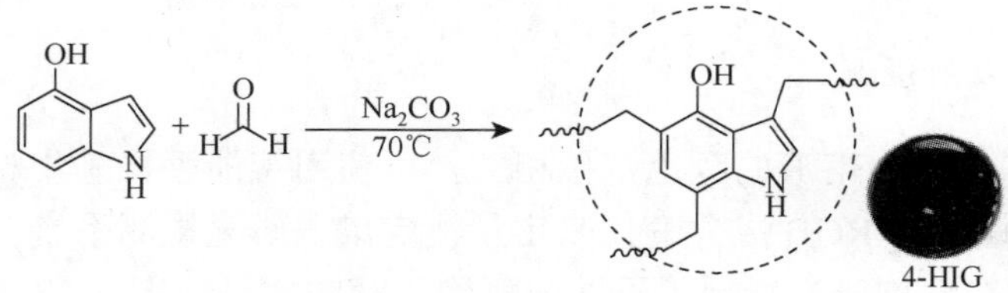

图 6-28 4-HIG 的合成路线

2. 4-HIG 的表征

利用 FTIR 和 ^{13}C NMR 谱对 4-HIG 的结构进行表征。图 6-29(a) 为 4-HIG 的 FTIR 谱图,3405 cm^{-1} 处的宽吸收峰归因于 N—H 和 O—H 的伸缩振动,2923 cm^{-1} 处的峰归因于聚合物网络中—CH$_2$ 的伸缩振动,1626 cm^{-1} 和 1432 cm^{-1} 处的峰归因于芳香环骨架的振动。此外,^{13}C NMR 谱中 150～110 ppm 处的宽峰对应于吲哚环碳,75～25 ppm 处的峰对应于亚甲基碳[图 6-29(b)]。该结果表明所得产物与预期一致,证实 4-HIG 被成功制备。

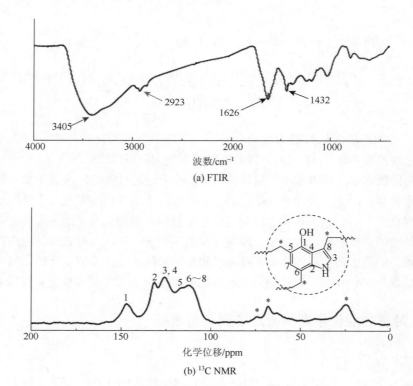

图 6-29 4-HIG 的 FTIR 和 ^{13}C NMR 谱图

第 6 章　吲哚基多孔聚合物在其他环境污染物吸附方面的应用

利用 SEM 对 4-HIG 的形貌进行表征。图 6-30 为 4-HIG 的 SEM 图，4-HIG 具有 60～100 nm 的球形颗粒形成的均匀网络结构。

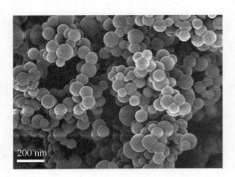

图 6-30　4-HIG 的 SEM 图

6.3.2　4-HIG 对 NaOH 的吸附性能研究

1. NaOH 吸附可能性探究

在水溶液中仔细研究 4-HIG 吸附 NaOH 的可能性。将 4-HIG 加入含 NaOH 的水溶液中进行吸附实验，以酚酞为显色剂，在室温下测定溶液的 UV-vis 光谱，如图 6-31 所示。加入 4-HIG 后，随着浸泡时间增加，4-HIG 从紫红色变为深黑色[图 6-31(a)]，同时碱性溶液的颜色从紫红色变为透明[图 6-31(b)]。相应地，4-HIG 在 554 nm 处的吸光度随时间而变化，如图 6-31(c) 和图 6-31(d) 所示，且 4-HIG

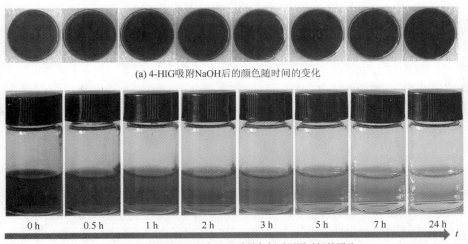

(a) 4-HIG吸附NaOH后的颜色随时间的变化

(b) 4-HIG吸附NaOH且加入酚酞显色剂后不同时间的照片

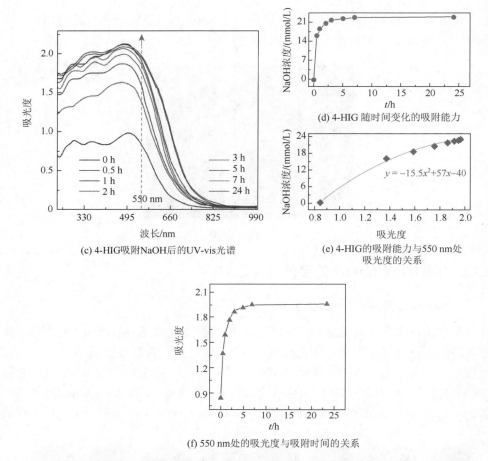

图 6-31 4-HIG 对 NaOH 的吸附性能[(a)～(c)的彩图见附图 12]

吸附 NaOH 的能力和 UV-vis 吸收强度之间存在幂律关系[图 6-31(e)]。由此可知，4-HIG 可用于可视化吸附 NaOH，它的特性使其成为放射性废弃物处理中 NaOH 提取方面的潜在候选材料。

2. 吸附循环

阳离子-π 相互作用作为吸附 OH^- 的结合位点，使 4-HIG 可通过温和的水溶液处理进行回收。通过破坏酸性溶液中的阳离子-π 相互作用，实现 4-HIG 和 OH^- 之间萃取过程的可逆性。如图 6-32（彩图见附图 13）所示，用 NaOH 水溶液处理 5 h 后，4-HIG 从紫红色变为深黑色。然而，在 HCl 溶液中浸泡约 6 h 后，它又变回紫红色。紫红色和深黑色之间的颜色转换可以重复多次，并且经过多次循环处理的样品仍然与原始样品有几乎相同的吸附效果。

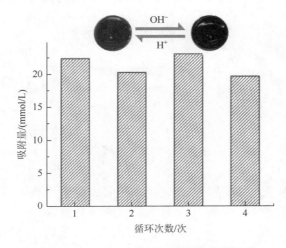

图 6-32　4-HIG 对 NaOH 的吸附-解吸循环

3. 吸附机理

Na 元素分析图和 EDS 图都证实了 4-HIG 吸附 NaOH 后样品中存在 Na 元素（图 6-33），而在最初的 4-HIG 中没有检测到 Na 元素 [图 6-33(b)]。研究结果表明，4-HIG 可吸附 NaOH。

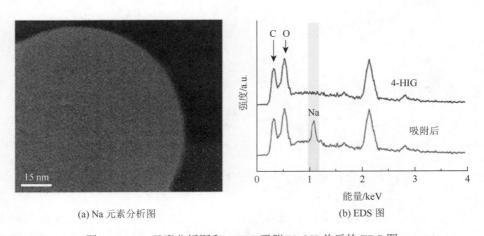

(a) Na 元素分析图　　　　　　　　　　(b) EDS 图

图 6-33　Na 元素分析图和 4-HIG 吸附 NaOH 前后的 EDS 图

4-HIG 吸附 NaOH 的机理如图 6-34（彩图见附图 14）所示，凝胶网络中亚氨基单元上的氢与 OH^- 相结合。另外，吲哚环为高度富电子的 π 体系，可通过阳离子-π 相互作用与阳离子（Na^+）结合。同时，酚羟基被去质子化，形成氧阴离子（O^-），O^- 可以进一步向苯环提供电子，并直接增强阳离子-π 结合能力。

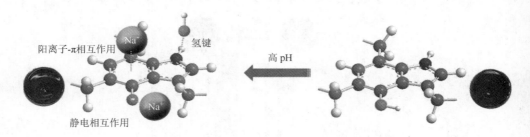

图 6-34 吸附机理图

UV-vis 光谱证明了 Na^+ 和 4-HI 之间存在阳离子-π 相互作用。图 6-35 展示了 4-HI 在存在和不存在 Na^+ 时的 UV-vis 光谱及对应的差谱。从图 6-35 中可以看出 216 nm 处有一个负带，226 nm 处有一个弱的正带，反映了 4-HI-Na^+ 中存在阳离子-π 相互作用。

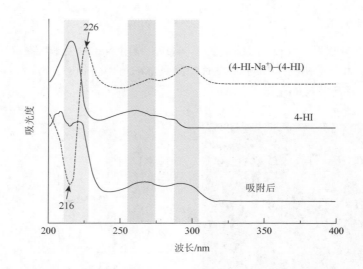

图 6-35 4-HI 在存在和不存在 Na^+ 时的 UV-vis 光谱以及对应的差谱

采用量子动力学和分子动力学模拟进一步证明 4-HIG 和 NaOH 之间存在阳离子-π 相互作用和氢键的协同效应[图 6-36(a)，彩图见附图 15]。径向分布函数表明，当 Na^+ 和吲哚环的距离为 3.18 Å 时，$g(r)$ 有最大值，表明 Na^+ 可以通过较强的阳离子-π 相互作用有效地聚集在 4-HIG 周围；当羟基和吲哚环中亚氨基之间的距离为 2.73 Å 时，$g(r)$ 有最大值，表明羟基和吲哚环中的亚氨基之间存在氢键[图 6-36(b)]。这些微妙的相互作用使 4-HI 和 NaOH 之间形成稳定的复合物。

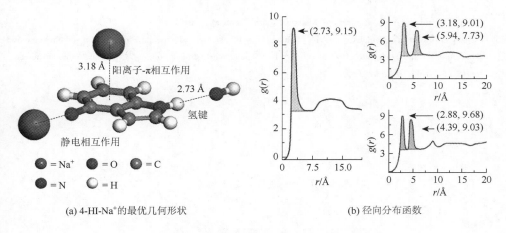

图 6-36 4-HI-Na⁺的最优几何形状和径向分布函数

参 考 文 献

[1] 黄月，宋丽凤. 吸附法处理染料废水的研究进展. 染料与染色，2018，55（2）：58-61.

[2] Lei C Y，Wen F B，Chen J M，et al. Mussel-inspired synthesis of magnetic carboxymethyl chitosan aerogel for removal cationic and anionic dyes from aqueous solution. Polymer，2021，213：123316.

[3] Yang H，Sheikhi A，van de Ven T V D. Reusable green aerogels from cross-linked hairy nanocrystalline cellulose and modified chitosan for dye removal. Langmuir，2016，32（45）：11771-11779.

[4] Zhang L F，Yang L，Xu Y W，et al. Renewable 4-HIF/NaOH aerogel for efficient methylene blue removal via cation-π interaction induced electrostatic interaction. RSC Advances，2019，9（51）：29772-29778.

[5] Geng T M，Chen G F，Xia H Y，et al. Poly{tris[4-(2-thienyl)phenyl]amine} and poly[tris(4-carbazoyl-9-yl phenyl) amine] conjugated microporous polymers as absorbents for highly efficient iodine adsorption. Journal of Solid State Chemistry，2018，265：85-91.

[6] Guo Z X，Sun P L，Zhang X，et al. Amorphous porous organic polymers based on schiff-base chemistry for highly efficient iodine capture. Chemistry-An Asian Journal，2018，13（16）：2046-2053.

[7] Geng T M，Zhang C，Liu M，et al. Preparation of biimidazole-based porous organic polymers for ultrahigh iodine capture and formation of liquid complexes with iodide/polyiodide ions. Journal of Materials Chemistry A，2020，8（5）：2820-2826.

[8] Xie W，Cui D，Zhang S R，et al. Iodine capture in porous organic polymers and metal-organic frameworks materials. Materials Horizons，2019，6（8）：1571-1595.

[9] Huang M，Yang L，Li X Y，et al. An indole-derived porous organic polymer for the efficient visual colorimetric capture of iodine in aqueous media via the synergistic effects of cation-π and electrostatic forces. Chemical Communications，2020，56（9）：1401-1404.

[10] Peters G M，Chi X D，Brockman C，et al. Polyvinyl alcohol-boronate gel for sodium hydroxide extraction. Chemical Communications，2018，54（43）：5407-5409.

[11] Mahinroosta M，Jomeh Farsangi Z，Allahverdi A，et al. Hydrogels as intelligent materials: a brief review of

synthesis, properties and applications. Materials Today Chemistry, 2018, 8: 42-55.

[12] Chang G J, Wang Y, Wang C, et al. A recyclable hydroxyl functionalized polyindole hydrogel for sodium hydroxide extraction via the synergistic effect of cation-π interactions and hydrogen bonding. Chemical Communications, 2018, 54 (70): 9785-9788.

附　　图

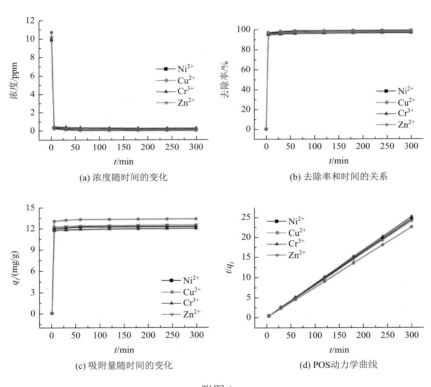

(a) 浓度随时间的变化

(b) 去除率和时间的关系

(c) 吸附量随时间的变化

(d) POS动力学曲线

附图 1

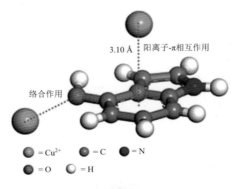

附图 2

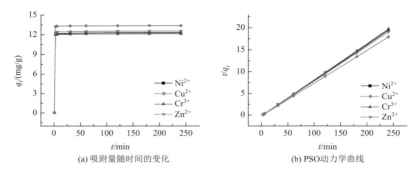

(a) 吸附量随时间的变化

(b) PSO动力学曲线

附图 3

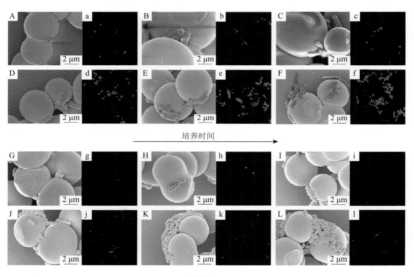

培养时间 →

附图 4

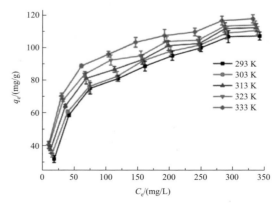

附图 5

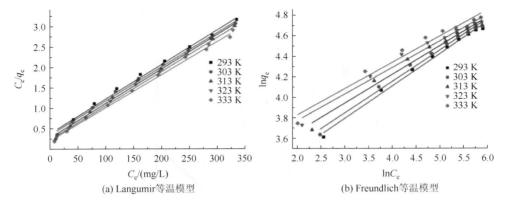

(a) Langumir等温模型　　(b) Freundlich等温模型

附图6

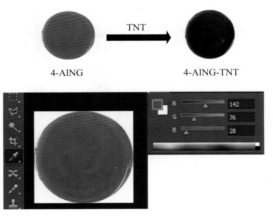

附图7

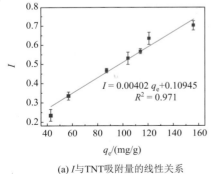

(a) I与TNT吸附量的线性关系　　(b) 4-AlNG吸附不同量的TNT时的颜色变化

附图8

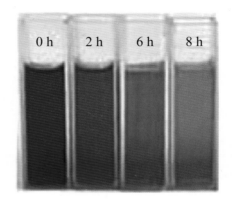

附图 9

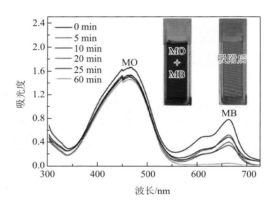

附图 10

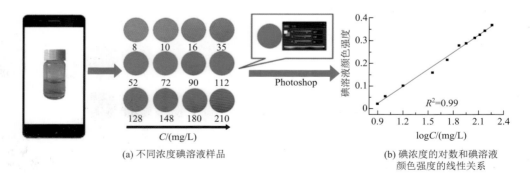

(a) 不同浓度碘溶液样品

(b) 碘浓度的对数和碘溶液颜色强度的线性关系

附图 11

(a) 4-HIG吸附NaOH后的颜色随时间的变化

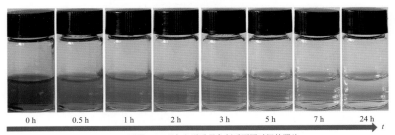

(b) 4-HIG吸附NaOH且加入酚酞显色剂后不同时间的照片

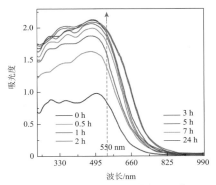

(c) 4-HIG吸附NaOH后的UV-vis光谱

附图 12

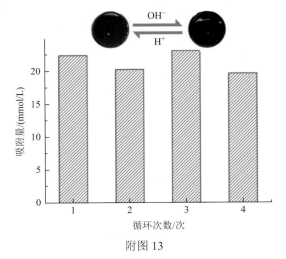

附图 13

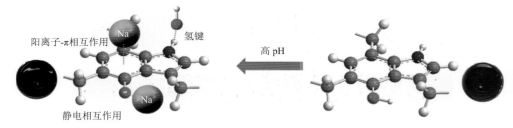

附图 14

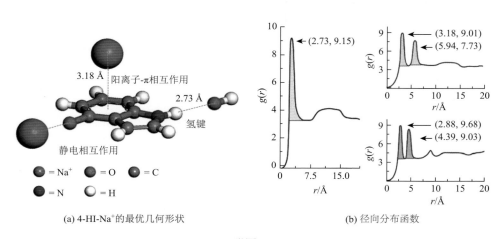

(a) 4-HI-Na$^+$的最优几何形状　　(b) 径向分布函数

附图 15